ウンチ化石学入門

泉 賢太郎
Izumi Kentaro

インターナショナル新書 070

目次

第四章　ウンチ化石研究者が目指しているもの

まえがき

「生痕化石」という言葉をご存じだろうか？　太古の生物の足跡、這い痕、巣穴、はたまた糞（ウンチ）の化石など、太古の生物の行動の痕跡が地層中に保存されたものである。「体化石」と呼ばれる恐竜の骨格などの化石に比べればイメージは少し地味だが、その研究からは生物の歴史、地球の歴史、そして科学の未来が見えてくる。生痕化石は、あなたが毎日通る道沿いに露出している地層や、オフィス街のビルの石材などにも隠れている可能性がある。本書では、生痕化石を探すフィールドワークを「地層ブラブラ」と名づけ、生痕化石を専門とする研究者（＝筆者、13ページ図1）が、「ブラブラ」の科学的な楽しみをガイド。ぜひご一緒にブラブラを。

大学四年生のとき、とある教室にて

二〇〇九年四月、私は大学四年生になった。当時は東京大学理学部地球惑星環境学科、という学科に所属していた。地球や惑星とその環境の変動、生命の誕生・進化・絶滅、およびそれらの相互作用を、実証的に解明していくことを目指す学科である。

私は、卒業研究のための研究室配属の時期が着々と近づいているのを実感していた。研究室を決めるためには、自分がどんな分野に興味があって、どのようなことを研究していきたいのか、ということをまず明確にする必要がある。四年生になると、同級生たちの会話も研究室配属に関することが増えてくる。「どこの研究室にする？」「〇〇の研究に興味があるかなあ～」といったやり取りだ。

私の場合、高校生のころには地層や化石への興味が既にあった。私の「地層ブラブラ」の始まりである……といえるかもしれないが、当時の私は「生痕化石」なるものは一切知らなかったので、「地層ブラブラ」の始まりのきっかけ、といった程度であろう。地層や化石に興味をもったきっかけそのものはさらにさかのぼり、子どものころに読んだ地球の歴史を解説するような図鑑だった。それを眺めては太古の地球があまりにも現在と異なっていることや、姿かたちが全く異なるいろいろな生きものが生息していたことに驚いていた。このような経緯から、大学四年生の私は地層や化石を研究している研究室に入りたい、と思っていた。地球惑星環境学科の中には、当時、地層や化石の研究をしている先生が複数いらっしゃったので、先生方から個別にお話を伺うことにした。

研究室が決まる前の段階で、いきなり大学の洗礼を受けることとなった。

泉「え〜っと、あっ、きょ、恐竜とかおもしろそうですよね」

先生「恐竜は、いい化石が出るのは海外が多いから、最終的には海外で研究することを視野に入れないと。そういう心づもりはあるかな？」

泉「え……そうなんですか。いやあ、海外っていうのはあまり……」

先生「じゃあ、研究アプローチを考えよう。野外調査ベースのアプローチや、化学的な分析を主体とする研究、あるいはコンピュータシミュレーションが得意なら、それを活かしたアプローチもある」

泉「実験室内での研究やシミュレーションよりも、野外調査のほうに魅力を感じます！」

そんなこんなで今、私は生痕化石研究者となっているわけである。ただ、ブラブラのターゲットがはっきりと生痕化石に決まるまでは紆余曲折エピソードが多々あるので、今後、本書のコラムの中でご紹介したい。

まえがきの最後に、本書の全体の構成について紹介する。本書はウンチ化石に関するものである。そこで第一章では、ウンチ化石を含む生痕化石全体について概説していく。生痕化石の研究は、地質学の中の一つの研究分野として位置づけられるため、地質学に関連する話題も多く登場する。そのため第一章では専門用語も多く、少し固い印象だが、ご容赦願いたい。第二章では、ウンチ化石について、具体例も交えつつ、さまざまな側面から概説している。第二章からお読みいただいてもいいかもしれない。第三章では、ティラノサウルスのウンチ化石について、特に掘り下げて見ていくことにする。併せて、首長竜(恐竜とは似て非なるグループの生きもの)という中生代に生息していた海棲爬虫類のウンチ化石にも触れている。第四章では、ウンチ化石研究者が実際にどのようなことを目指して日頃より研究しているのか、ということを見ていくことにする。ウンチ化石を多角的に研究することが重要であるので、具体例を交えて紹介する。だいぶマニアックな内容になっているかもしれないが、ウンチ化石をとことん専門的な目線で掘り下げていくのが本書の趣旨なので、第四章では思い切ってマニアックな方向に振り切ることにした。第五章では、これまでの章とは少し視点を変えて、生痕化石の研究を通して見えてくる未来の地球の姿について、大胆に(かつ多少は科学的に)考察していく。化石から直接わかることは過去の生物や過去の地球環境のことであるが、化石を理解するためには今生きている生きものを知ることが欠かせない。過去と現在は、言葉にすると別物のように感じるが、連続した時間軸の上の異なる二点というように考えると、過去と現在は繋がっているのだ。同様のことは未来にも当てはまり、過去と現在を含む同一の時間軸の延長が未来なのだ。

このようなわけで、地球の未来というと突拍子もなく聞こえるかもしれないが、一介のウンチ化石研究者である私でも、一応、ある程度の根拠をもって未来の地球の姿を想像することは可能である。そして最後の第六章では、身近な楽しみとしての生痕化石について紹介する。生痕化石をご覧になったことのない読者の方が多いと思うが、本書のそれまでの内容を基に、生痕化石を実際に見に行くことのできる場所（＝地層ブラブラポイント）の提案や、あるいはちょっとした思考実験などをやってみる。

ここまで本書の全体像について概説してきたが、要するに本書は、タイトルにもある「ウンチ化石」というのを軸として、さまざまな側面からウンチ化石を考察していく、いわば「ウンチ化石エッセイ」である。おそらく、日本初のウンチ化石本、といったところであろう。生痕化石全体をメイントピックにした本ですらとても少ないので当たり前かもしれないが、これまでウンチ化石をメインとした邦書は、私の知る限りではない。

ウンチ化石研究者ならではの目線というのを意識して書いているが、一方で先に述べた通り、本書は専門書ではなくエッセイである。ぜひ、肩の力を抜いて読んでいただきたい。そして、ウンチ化石も、突き詰めて考えていくと意外と多方面に展開していくものだというのを少しでも感じ取っていただければ望外の幸せである。

図1 イギリス、ドーセットの海岸で、地層中の生痕化石を計測する筆者。特記のないものは筆者提供。

本書は集英社クオータリーｋｏｔｏｂａの連載「生痕化石を探せ！地層ブラブラ」（二〇一八年春号～二〇一九年冬号）に加筆し、訂正を加えたものです。

図版制作　タナカデザイン

第一章　生痕化石とは何か？

なぜ、今ウンチ化石なのか

さて、本書は『ウンチ化石学入門』という書籍である。前述の通り、おそらく日本初のウンチ化石本だと思っている。実は、ウンチ化石ではなく、ウンチ（あるいは、うんこ、などと表記している場合もある）を題材としている書籍や企画は結構ある。子ども向けの絵本では、ウンチを題材としているものは今も昔も存在する。『うんこドリル』シリーズ（文響社）は、累計八〇〇万部を突破する大ヒット書籍である。また、「うんこミュージアム」という企画展が、話題を呼んでいる。このように、日本人は一人残らずウンチが大好きなのでは？　と勘違いしてしまいそうになるくらい、ウンチは人々を不思議と魅了するのである。まさに、世は「ウンチを学び、ウンチで学ぶ」時代、すなわち、「ウンチブーム」なのだ。

それでは、既にこんなにウンチ本やウンチ企画があるのだから、今更なぜ本書を書くのだろうか？　それは、ウンチの化石に特化したものがないからである。ちなみに、化石を題材とした書籍や図鑑、企画も数多く存在する。ただし、やはりここでもウンチの化石に特化したものは極めて少ないのだ。ウンチブームの今、ウンチ化石に関する知識も併せて身に付けることで、ウンとチ（知）が深まること間違いなし！　と思っている。

それでは、今しばらくの間、ウンチ化石学の世界に染まっていただければ幸いである。

生痕化石とは？

化石は、教科書的には大きく二種類に大別される。「体化石」と「生痕化石」である。体化石とは、生物の遺骸の一部が分解や破壊を免れて地層中に保存されたもののことをいう。ティラノサウルスなど恐竜の化石、あるいはアンモナイト、三葉虫、アノマロカリス（海棲の捕食動物）といった、ファンの多い、いわゆるスター化石は、すべて体化石に分類される。

それに対して生痕化石とは、古生物の行動の痕跡が地層中に保存されたもののことをいう。別のいい方をすると、「太古の時代の生物の行動の化石」といった感じになるだろうか。すなわち、生痕化石は「生物遺骸そのもの」ではないのである。「行動の痕跡」という生痕化石の定義と表裏一体なのだが、もう少し無機的ないい方をあえてすると、生痕化石とは、地層中に残された生物行動由来の構造、ということになる。地層というと泥や砂などの堆積物（たいせきぶつ）が固結してカチカチの岩石になったもののことを指すが、生物の行動の痕跡が固結した地層ではなく、未固結の砂や泥といった堆積物の中に残されている場合もある

（泥も砂も同じように感じるかもしれないが、専門的には両者は異なる。詳細は本章37ページのコラム参照）。いわば、生痕化石になる前の構造なのであるが、このような構造のことを、生痕と呼ぶ。

さて、それでは生痕化石とは、具体的にはどのようなものがあるのだろうか？　ここでは、具体例を交えながらいくつか紹介していきたい。主要なものとしては、足跡の化石、這い痕の化石、巣穴の化石、糞の化石（＝本書のメインである、ウンチ化石のこと）などが挙げられる。

われわれヒトは二足歩行をする動物であるので、足跡の化石というのは、生痕化石の中でもかなりイメージしやすいかもしれない。19ページの図2と図3に、足跡の化石の写真を紹介する。いずれの写真も、恐竜の足跡化石である。図2のものはとても大きいし、図3のものは「いかにも恐竜の足跡」という感が強いのではないだろうか。

這い痕の化石というのは、ややイメージがつかみにくいかもしれない。しかし、すべての動物が脚をもっているわけではない。いろいろな動物を考える際に、「この動物のここは、ヒトでいうところの□□という器官に相当するもので、……」というように、無意識にヒトと比較することが多い。したがって、動物の行動様式といえば、「陸上動物は歩き、

図2 竜脚類(首の長い四足歩行の大型恐竜)のものと推定される足跡化石(スペイン)。

図3 獣脚類(二足歩行の肉食恐竜)のものと推定される足跡化石(スペイン)。

水棲動物は泳ぐ」というイメージが強くなる。しかし、特に無脊椎動物に目を向けると、昆虫などの脚をもつものを除くと、多くのものは〝這い回っている〟のだ。海底を見渡してみると、実に様々な無脊椎動物が這い回っている。実際に、巻貝や二枚貝、あるいはウニが這い回った痕跡が、生痕化石として地層中に保存されていることもある。

巣穴の化石についても、同様にイメージしにくいかもしれない。いろいろな動物が巣穴を作る。一部の哺乳類も巣穴を作るものがいるので、這い痕に比べると、とっかかりやすいかもしれない。ただ、巣穴の生痕化石となると、圧倒的に多いのは、やはり無脊椎動物によるものだ。再び海底に目を向けると、ゴカイなどの多毛類やシャコやカニなどの甲殻類といった面々には、海底の砂や泥に巣穴を作り、その中に潜って生活しているヤツらがいる。実際に、そのような巣穴が地層中に保存されて、生痕化石として観察できることがよくあるのだ。

そして、ウンチ化石であるが、……これについては、本書全体のテーマでもあり、この後もたっぷりとご紹介するので、後の章に説明を譲ることとしよう。

生痕化石の重要性

さて、ここまでは具体例を交えて生痕化石について見てきた。改めて体化石と生痕化石を比べてみると、あくまで私の主観が大だが、生痕化石のほうは圧倒的に地味でマニアックだ。ちなみに、どの程度地味でマニアックなのかについても数量的に検討してみたので、詳しくは次節で紹介することとしよう。

普通、「化石」と聞いてイメージするのは、恐竜の骨格などのスター化石であり、ほぼ例外なく体化石であろう。また、生痕化石は体化石に比べてただ地味でマニアックであるだけではなく、生痕化石を研究している研究者の数も圧倒的に少ないというのが現状である。

しかし、ついに生痕化石の汚名返上のときが来た！　と考え、本書で生痕化石の重要性を熱く語ることとする。ここでは、大きく二つの重要性を強調していきたい。

まず一つ目は、古生物の行動や生態を復元することができる、という点だ。ある生痕化石を研究する際に、それを作った生物を特定できないことも多いのだが、体化石があまり産出しないような地層においては特に、生痕化石を用いた研究が威力を発揮する。

たとえば、カンブリア紀（約五億四一〇〇万年前～四億八五〇〇万年前の地質時代）の前期の地層では、体化石の産出は少ない一方で生痕化石は数多く産出する。したがって、カンブリア紀前期の海の地層に見られる生痕化石を丹念に研究していくことで、どのような行動を示す生物が当時の海底に生息していたのか、ということが明らかになる。具体的には、カンブリア紀前期の地層から産出する巣穴化石を調べると、海底堆積物の内部に鉛直方向に深く潜り込んで形成されたような巣穴化石（プラノリテスやトレプティクヌスという種類の生痕化石）が多数発見されている。

　堆積物中に深く潜り込むような巣穴化石は、カンブリア紀の一つ前の時代であるエディアカラ紀（約六億三五〇〇万年前〜五億四一〇〇万年前の地質時代）の地層からはほとんど見つからない。このことから、堆積物内部に深く潜り込むという行動ができる生物は、カンブリア紀の前期に出現したと考えることができる。堆積物内部に生物が深く潜り込むと、海水中の溶存酸素が堆積物深層の間隙水にも供給されるため、結果としてより大型の生物が堆積物の深部に潜り込んで生息できるようになるのだ。このような一連の現象は、「カンブリア紀の農耕革命」と呼ばれている。農具で耕すことで養分を土の中に効率的に供給できるように、生物が堆積物に潜ることで酸素を効率的に供給できるのだ。

　体化石の産出が少ないことの別の理由としては、大量絶滅事変という現象がある。その当時生息していた生物の多様性を短期間で急激に減少させるもので、地質時代（39ページコラム）を通じて何度か起こっている。大量絶滅を記録している地層中には、当時の生物の多様性が急激に減少したため、おのずと体化石が乏しくなるものだが、そのような地層にも生痕化石は存在していることが多い。したがって、大量絶滅後の地層中の生痕化石を研究することで生態系が回復していく様子をうかがい知ることができる。

生痕化石の二つ目の重要性は、地層堆積当時の環境（堆積環境）を知る手がかりを与えてくれる点である。いい換えると、生痕化石は示相化石（39ページコラム）として有用だということである。この概念は生痕相モデルと呼ばれる（41ページコラム）。もちろんすべての生痕化石が示相化石になるわけではなく、地層の堆積環境を復元するためには、その地層中から産出する生痕化石の群集（組み合わせ）が重要になってくる。

ちなみに、現在の中学校の理科の教科書で紹介される示相化石はすべて体化石であるが、ここで紹介したように生痕化石群集も示相化石になり得るため、古生物学分野だけでなく、広く地質学分野においても重要な知見をもたらす。実際に近年でも、地層中に見られる物理的堆積構造や堆積物の諸特性に加えて、生痕化石群集に関するデータも併せて考察することで、詳細な堆積環境を推定するような研究事例が多く報告されている。

地味な化石？

先に、化石は体化石と生痕化石の二種類に大別されるということを述べた。これを聞くと、「世の中には体化石と生痕化石の研究者が半々くらいなのだろうな……」と思われたかもしれない。ところが、実は全くそうではないのだ。なぜ、このような極端な違いが生じるのだろうか？　考えられる要因として、たとえば、体化石と生痕化石とでは、その多様性が大きく異なることが挙げられる。これまでに記載された化石の種類はおよそ二五万ともいわれているのだが、知られている生痕化石の種類（生痕属の数）はたったの六〇〇程度なのである。あるいは、そもそも生痕化石に比べて体化石のほうが一般的に興味を引きやすい、という単純な理由もあるのかもしれない。

研究者が自身の専門研究の対象となる化石を選ぶ際の最初のきっかけとしては、さまざまな可能性が考えられるが、やはり自分自身の興味や愛着に基づいていることが多い。とすると、体化石には恐竜やアンモナイトなど人気の化石が含まれるので、体化石を研究対象として選ぶ人が多くなることは容易に想像できる。中でも、恐竜というのは研究者のみならず多くの人を魅了するようで、圧倒的な人気と知名度を誇っているように感じる。私が以前に担当していた大学の講義の中で受講生を対象に実施した化石のイメージアンケートでは、化石と聞くと恐竜をイメージするという学生が非常に多かった、という実体験もある。

いろいろと述べてきたが、ここで強調したいことは、体化石に比べて生痕化石の研究事例の数が極端に少ない、ということである。

しかし！　このことは、生痕化石が学術的に重要でない、ということを示しているわけでは断じてないのである。生痕化石の重要性については、まさに前節でご紹介した通りである。

実際に専門研究の現状についてGoogle Scholarによるキーワード絞り込み検索を行うと、〝化石〟および〝恐竜〟に関する研究事例数は、〝生痕化石〟に関する研究事例数に比べて、それぞれ約数十倍程度および数倍程度であることがわかった。一方、一般的な興味の度合いを推定するためにGoogleのキーワード検索を行った結果、〝化石〟あるいは〝恐竜〟に関するインターネット記事数は、〝生痕化石〟に関するものに比べて、最大で一〇〇〇倍以上にも達することがわかった。もちろん、これらの検索結果はお互いに完全に独立ではないので（たとえば恐竜化石に関する記事は、「化石」と検索した場合でも「恐竜」と検索した場合でもヒットする）、一概に単純比較することはできない。とはいえ、このデータに基づくと、「世間一般の生痕化石に対する興味は、恐竜などの他の化石と比べてたったの一〇〇〇分の一である」ということである。この結果は、生痕化石に関する研究は依然として恐竜などの他の化石と比べて少ないものの、世間一般の興味の差（一〇〇〇分の一）から想定されるほどは少なくない、ということを意味している。つまり、専門研究の事例の数は、世間一般の興味を必ずしも反映しているわけではないのである。

特に、恐竜に関する研究事例が、生痕化石に関する研究事例の三倍程度でしかない、ということは驚くべき結果である。これはおそらく、両者の研究のスタイルの違いを反映しているのであろう。骨がある程度つながった状態で産出する恐竜化石を研究する場合、発掘や化石のクリーニングに多くの時間が必要となる上に、検討するべき骨の数も多く、一種類の恐竜の化石を記載するだけでも相当の時間がかかる。一方で、恐竜化石が新たに発見された場合には、発見に関する報道記事などがすぐにリリースされることが多く、その記事に興味を持った人々が個人のブログやSNSなどに書き込めば、インターネット上での検索数は爆発的に増えていく。

しかし生痕化石は一般的に、恐竜などの脊椎動物の化石に比べて形態が単純で（非常に複雑な形態を示す生痕化石も存在するが）、それ故、分類に必要な形質の数が少ない。実際の研究に際しては、どのような問題点をどのような方法で解明していきたいのか、という研究目的やアイデアが重要になってくるため、すべての生痕化石研究が恐竜研究に比べて単純で時間もかからない、と一概に結論付けることはできないが……。

とまあ、第一章のここまで、私自身の研究のルーツ、生痕化石とその重要性、そして目を見張るまでの生痕化石の地味さについて、述べてきた。つい熱が入りすぎてしまったようだ（ちなみに大学でのゼミや授業でも、つい話が長くなってしまう……）。

やっかいな化石？

生痕化石は体化石に比べて地味だといわざるを得ないものの、生痕化石ならではの重要性も兼ね備えていることを見てきた。繰り返しになるが、生痕化石は、古生物の行動の痕跡が地層中に保存されたものである。すなわち、砂や泥などの堆積物中に形成された巣穴や這い痕などが、地層化する際に破壊されずに残ったものと見なすことができる。

これまでは生痕化石側に焦点を当ててきたが、ここで地層側に焦点を当てて見ることにする。一般的に、海底や川底、あるいは湖底などにおいて砂や泥が堆積し、長い時間をかけて固結することで、地層が形成される。海底などで砂や泥が堆積する際の水理学的な条件（たとえば、波の影響がどの程度あるのか）に応じて、堆積物中に固有の構造（＝堆積構造）が形成されることが知られている。そして、このような堆積構造は、堆積物が固結して地層化した後にも保存される。たとえば、波浪や潮流などの影響がないような静穏な海底で形成された堆積物中には、平行葉理（へいこうようり）と呼ばれる特徴的な堆積構造が見られる。前述のように、平行葉理は固結した地層の中でもそのまま保存されることがあるのだ。

……と、ここまでは、特に不思議なことはなさそうに見える。ここでもう一度、生痕化石に焦点を戻すことにする。それでは、平行葉理が形成された堆積物中に、無脊椎動物（たとえばゴカイ）の巣穴が形成されたらどうなるだろうか？　巣穴が形成されたことによって、その部分の平行葉理が破壊されてしまうのだ。すなわち、生痕化石が地層中に保存されるということは、本来であれば地層に残るはずの堆積構造が破壊されてしまう、ということなのだ。生痕化石がたくさんある地層というのは、生痕化石を研究する者にとってはハッピーであるが、一方で地層中の堆積構造の研究者にとっては厄介者になってしまうこともあるのだ。

ちなみに、平行葉理が保存された地層が実際に存在するということは、堆積当時に形成された平行葉理が、生物活動によって破壊されなかった、ということである。すなわち、堆積当時の海底（あるいは川底や湖底）に生物がほとんど、あるいは全く生息していなかった、ということなのだ。現在の海底を見てみると、基本的には、浅海（せんかい）から深海のあらゆる場所で多様な生物が存在している。したがって、生物がほとんど（全く）存在しないという状況は、一般的には考えにくい。極めて特殊な場合、たとえば、海水中に溶存している酸素が欠乏しているような環境（貧酸素環境）においては、生物がほとんど（全く）生息することができないので、このような条件の場合には、平行葉理が破壊されることなく地層中にも保存されることになるのだ。

さて、堆積物中で生物が活発に活動している場合には、堆積物全体が均質化されてしまうこともあり得る。少し具体的に考えてみることにしよう。たとえば、泥が主体の海底堆積物に、何らかの要因で砂の層が堆積した場合を考える。これは実際に、二〇一一年の東北地方太平洋沖地震の際に発生した津波によって、類似の現象が起こったことが知られている。東北沖の海底の泥質堆積物を掘削すると、今でも二〇一一年の津波によって形成された砂の層が残っていることがある。津波によって海底の生態系は一時的に壊滅状態になってしまったらしいが、津波から数年後には生態系が回復し始め、生物活動が活発になってきた。すると、海底堆積物中には多数の生痕が形成されることになるため、津波による砂の層がだんだんと破壊されていくことになる。ちなみに、〝破壊〟といっても、砂粒の粒子そのものが粉々になってしまうという意味ではない。生物活動によって海底の堆積物がかき回されると、砂層が、その下の泥質堆積物と混合してしまい、砂層がぐちゃぐちゃになってしまうのだ。つまり、津波による砂の層が比較的薄い（たとえば数センチメートル程度の厚さ）場合には、将来的に（＝固結した地層になる前に）砂の層がすべて破壊されてしまい、地層記録として砂層が一切残らなくなってしまうという可能性もある。この場合、未来の研究者がこの地層を調査した際には、砂の層を認識することができないので、「過去に大規模な津波が発生した」という歴史的な事実を知ることはできない。

　このように、生痕化石を形成する要因となる生物活動は、時として地層本来の姿を変えてしまうのだ。地層を研究して地球環境や生命進化の歴史を解明することが地質学の一つの大目標である。生痕化石を解析することで、体化石からではわかり得ないような古生物の詳細な行動や生態を解明することが期待できる一方で、過去の現象の復元を難しく（あるいは不可能に）してしまうという側面もある。生痕化石は、ある意味では、地質学においては諸刃(もろは)の剣ということもできるかもしれない。

　この節では、生痕化石のやっかいな一面をあえて紹介してきたが、地層の研究と生痕化石の研究は相補的なものである。本書は生痕化石、特にウンチ化石に関する書籍であるので、これまでも今後も生痕化石に関する内容ばかりであるが、私自身は実際に、地層そのものの研究も並行して行っている。生痕化石だけ見ていてもわからないことも多々あるので、地層の研究から得られる知見や経験も、とても重要になるのだ。

生痕化石の研究史

第一章の最後で、生痕化石の研究史について簡単に見ていくこととする。生痕化石が科学的な見地から考察されるようになったのは、一五～一六世紀といわれている。生痕化石を専門的に研究する学問分野を生痕学（英語ではIchnology）と呼ぶが、生痕学の父（the founding father of ichnology）と呼ばれている人物は、レオナルド・ダ・ヴィンチ（一四五二～一五一九年）である。レオナルド・ダ・ヴィンチは、美術の分野のみならず、数学・物理学・気象学・天文学・地質学・鉱物学といったさまざまな分野で、顕著な業績を残している。よくいわれていることであるが、現代科学では、各々の分野における専門性が高まっているため、研究者たちは自分の専門分野に関する知識や技能を習得することに多くの時間が必要となる。そのため、自身の専門分野以外の分野で研究活動を行うような、いわば「二足のわらじ」タイプの研究者はほとんどといってよいほどいない。レオナルド・ダ・ヴィンチは、「二足」どころではないので、時代が異なるとはいえ、いかに才覚にあふれていたのかということは想像に難くない。

さて、そのレオナルド・ダ・ヴィンチであるが、彼の美術作品の一部に、生痕構造が描かれているということを知る人は少ないであろう。たとえば、『岩窟の聖母』や『糸車の聖母』といった作品の中に、土中に（ミミズのような生きもののものと推定される）巣穴が描かれているのだ。その他にも、彼の残した手稿の解析などから、レオナルド・ダ・ヴィンチが生痕（あるいは生痕化石）の成因を正しく認識して、観察していたと考えられている。

それ以降は、生痕化石を学術的に研究する気運が高まっていくことになる。ただし、レオナルド・ダ・ヴィンチは相当に先見の明があった人物のようで、学界全体として「生痕化石は過去の動物の行動の痕跡が地層中に保存されたものである」という共通認識が得られたのは、数百年後の一八八〇年代ごろだと考えられている。このころに活発に研究されていた化石の一つは、フューコイドと総称される化石である（34ページ図4）。

そして、二〇世紀に入ると、フューコイドに限らず、さまざまな種類の生痕化石が生物の行動の痕跡として正しく成因が認識されるようになってきた。それでは、二〇世紀に入ると、生痕化石の研究は爆発的に増加したのだろうか？　実は残念ながら、そうではなく、二〇世紀前半には生痕化石の学術的な研究が大きく停滞してしまったのだ。これには、学術的な理由のみならず、社会的な要因もありそうだ。

学術的な理由としては、当時の研究者がフューコイドに対する学術的な興味を失ってしまったことが挙げられる。フューコイドは、その見た目から、従来は水生植物の化石と広く考えられていた。そのため、フューコイドは、示相化石として有効だと考えられていた。すなわち、水生植物の生育には豊富な栄養と充分な日光が必要なので、フューコイドの化石を含む地層は、栄養分が豊富な浅海環境で形成された、と判断することが可能になるのだ。しかしこのころには、フューコイドは水生植物の化石ではなく、海棲無脊椎動物による生痕化石であるという新たな学説が受け入れられるようになってきた。海底堆積物中に生息している無脊椎動物は、浅海底であっても深海底であっても、至る所に存在している。そうすると、フューコイドはもはや示相化石にはなり得ないのだ。ただし皮肉なことに、二〇世紀後半になると、ザイラッハーによる優れた研究によって、生痕化石群集が示相化石として有効であることが明らかになった（生痕相モデル、41ページコラム）。

図4 フューコイドと呼ばれていた化石の一例。以前はその見た目から水生植物の化石と考えられていたが、現在では海棲無脊椎動物の生痕化石と推定されている。

二〇世紀前半に生痕化石の研究が停滞してしまった社会的な理由とは、第一次世界大戦の勃発である。生痕化石の研究は自然史の基礎研究の一分野であり、その研究成果は戦争に必要となる技術革新には直結しない。したがって、生痕化石の研究に限らず、大規模な戦争が勃発すると、技術革新に直結しない基礎研究はどうしても停滞してしまうのだ。

そして、二〇世紀後半になると、第二次世界大戦が終結したこととも関連して、生痕化石に関する学術研究が再び盛んになってくる。一九五〇～一九六〇年代に行われた研究成果の一部は、現在でも、生痕化石の学術論文や教科書に引用されているものもある。まさに、現在の生痕学は、二〇世紀後半にようやく本格的に始まったのである。ちなみに、この時代に活躍した生痕化石研究者の多くは、今では大学などの研究職を退職しているが（残念ながら亡くなってしまった方もいる）、今の現役世代の生痕化石研究者にとっては、いわば〝レジェンド〟的な方々である。ちなみに私も大学院生になりたてのころに初めて購入した英語の教科書は、ザイラッハーの書籍であり、大学院での研究アイデアの捻出の参考にしたりと、バイブルとして使っていた記憶がある。

二一世紀に入って既に二〇年が経過している。最新の生痕化石の研究事情はどのようになっているのだろうか？　もちろん、今現在においても、生痕化石の重要性は変わっていないので、生痕化石に関する基礎研究（ある地層からどのような種類の生痕化石が産出するのかを調べるような研究）は、世界中のさまざまな地層で行われている。それに加えて、新たな科学技術の進歩に伴い、ここ最近は生痕化石研究もそのような技術革新の恩恵を受けている。たとえば、生痕化石の形態を三次元で復元するような研究であったり、生痕化石の微小領域の化学成分を分析するような研究などである。今後もさまざまなハイテクを駆使した生痕化石研究が行われていくことになるであろう。

ウンとチのつくコラム

地層とは？

　地層とは、堆積岩と呼ばれる岩石が空間的に広い範囲に分布しているものを指す。堆積岩とは、海底や湖底などに砂や泥といった堆積物が時間をかけて積もっていき（＝堆積作用）、それが固結してできた岩石である。固結した堆積岩は、その後の海水準変動や地殻変動などによって地表に顔を出してくると、われわれが陸上でそれを地層として認識できる、というわけである。ここでは海や湖を例にとって地層のでき方を紹介したが、地層の形成場所はとても多様で、河川、岩礁、砂漠など、さまざまな環境の場所で形成されることがわかっている。

砂と泥は違う

　本書には海底の堆積物の話が何度も登場する。海水浴や潮干狩りの現場を思い浮かべればある程度イメージすることができると思うが、海底の堆積物を構成しているのは砂や泥などの粒子である。砂や泥といった用語は、日常生活でも聞き馴染みがあるため、何となくそのまま流してしまいそうになるところだが、専門的には砂と泥は違う。粒子のサイズによって砂と泥は区別されるのだ。地質学の分野で一般的によく使用されている区分に基づくと、砂と泥の境界となる粒径（＝粒子の直径）は、一六分の一ミリメートル（≒〇・〇六三ミリメートル）である。数字で見てもイメージがわかないかもしれないが、感覚的には、粒子を指先などで実感できるサイズであれば砂で、指先では粒子の感覚がないようなときには泥である場合が多い。公園などにある「砂場」は、「泥場」ではなく学術的にも「砂場」なのである。

ちなみに、〇・〇六三ミリメートル以上の粒子がすべて砂と呼ばれるわけではない。粒径が二ミリメートルまでが砂に区分され、それ以上の粒径をもつ粒子は礫（れき）と呼ばれる。このように、礫・砂・泥は、たとえ同じ成分の粒子であってもサイズによって区分される。身近な例でいえば、うどん・ひやむぎ・そうめんでたとえるとわかりやすいであろう。直径一・七〜三・八ミリメートル未満のものがうどん、一・三〜一・七ミリメートル未満のものがひやむぎ、一・三ミリメートル以下のものがそうめんである。うどん・ひやむぎ・そうめんについては、成分は同じである（小麦粉と塩と水）が、麺の太さが違えば、食感や歯ごたえが変わってくる。同じように、礫・砂・泥についても、流水中での動きが異なることがわかっており、サイズの違いによる区分というのは、自然界の実態をある程度反映したものになっている。

示準化石と示相化石

地質学的に特に重要な化石として、示準（しじゅん）化石と示相化石がよく知られている。名前こそよく似ているが、全く異なるものなので、ご注意願いたい。示準化石とは、地層が形成された年代を特定するのに有用な化石であり、具体例としてアンモナイトや有孔虫（微小なプランクトン）の化石などが挙げられる。一方で示相化石とは、地層が堆積した当時の環境を推定するのに役立つ。具体例として二枚貝やサンゴなどが挙げられる。ただ、本文中でも述べた通り、生痕化石群集も、時として非常に有効な示相化石になることがある。

地質時代とは？

本書では何度も地質時代の名称が登場するので、ここで簡単に説明する。

地球は約四六億年前に誕生した。地球の歴史は、化石や地層、岩石などの特徴から相対的に区分されており、それらは地質年代（あるいは地質時代）と呼ばれている。地質年代区分の概念としては、歴史上の重要な出来事を境に時代を区分する歴史時代（鎌倉時代、室町時代など）と同様である。

地球の歴史は、「先カンブリア時代」と「顕生代」という地質年代に大きく二分される。ただし実際には、いずれの地質年代も、さらに細かいスケールで多数の地質年代に区分されている。有名な「カンブリア紀」「ジュラ紀」「白亜紀」などは、すべて顕生代の中の一時代である。

なお現在は、顕生代の中の「第四紀」のうち、「完新世」と呼ばれる時代である。

ちなみに最近では、日本の地名（千葉）に由来する地質時代である「チバニアン」が大きな話題になった。二〇二〇年一月一七日、今から約七七万四〇〇〇年前〜一二万九〇〇〇年前までの地質時代をチバニアンと命名することが、国際地質科学連合によって正式に承認された。実は私は二〇一四年よりチバニアンの研究チームの一員として、現場地層の生痕化石について研究を行ってきた。生痕化石を求めて地層ブラブラをしているうちに、さまざまな方との出会いもあり、のちに歴史的快挙を達成することになる地層に巡り合えたのは、幸せとしかいいようがない。

生痕相モデル

生痕相モデルの提唱者である、ドイツの古生物学者、アドルフ・ザイラッハーは、さまざまな地層とそこから産出する生痕化石の関係性について調査し、地層の堆積環境に応じて特徴的な生痕化石群集が存在することを発見した。この発見は、多くの研究者によるその後の事例研究によって裏付けられており、現在ではさらに詳細な生痕相モデルが提唱されているのだが、モデルの基本概念自体はザイラッハーによるオリジナルのものと大きく変わらない。

平行葉理

平行葉理とは、地層中で見られる堆積構造の一種であり、地層の断面では薄い縞模様として認識できる。具体的には、成分の異なる薄層が平行に積み重なったような構造である。ミルクレープをイメージするとわかりやすい。ミルクレープは、クレープとクリームが何層も積み重なっているため、その断面は縞模様となる。

第二章　ウンチ化石からわかること

第一章では、生痕化石トークについ力が入りすぎてしまった……。生痕化石の実例として足跡化石、巣穴化石、ウンチ化石……といったものが挙げられるのだが、その中でも私はウンチ化石を専門としている。学術的には「糞の化石」という表現が妥当だが、本書では親しみの意味も込めてこう呼ぶことにする。そう、何を隠そう私は世界でも数少ない「ウンチ化石ハカセ」なのである。もちろん、正式な学位の名称は「博士（理学）」なのだが……。ありがたいことに、現在では何とか研究職のポスト（大学教員）に就けているので、ウンチの化石を研究して飯を食っている、ということになる。当たり前だが、ウンチは食べ物が消化されて吸収されなかったものが排泄されたものであるので、ウンチで飯を食っている、というのはちょっとおもしろい。

ウンチも化石になるの？

「ウンチ化石を研究しています」というと、よく「くさくないんですか？」と尋ねられるが、ご安心あれ、くさくないのである。たとえば哺乳類のウンチのように、水と有機物（＝食べカスと腸内細菌がメイン）の塊のようなモノであれば、特に肉食や雑食の哺乳類の場合には、出たときは強烈なにおいを発する。自分のモノ、あるいはイヌやネコのモノをイメージ願いたい。ちなみに、草食の哺乳類のウンチは、出たてのフレッシュなモノであっても、あまりにおわないものが多い。ただし哺乳類のウンチも、化石となる過程で鉱物に置換されるので、ウンチ化石として発見されたときには無臭の状態になっている。

また、無脊椎動物のウンチの場合、そもそも哺乳類のモノのような水と有機物の塊として排泄されるわけではないので、出たてのフレッシュなものであってもにおわない。たとえば、潮干狩りや海水浴といったマリンレジャーの際に、意識を向けてさえいれば多々遭遇するゴカイ（環形動物）やナマコ（棘皮動物）といった海棲無脊椎動物たちも、ウンチをするのだ。

実は私の専門は、このような海棲無脊椎動物のウンチの化石なのである。地味な生痕化石、地味なウンチ化石の中でもさらに地味なほうだ。これからは「ウンチ化石ハカセ（とりわけ地味なほう）」とでも、称したほうがよさそうだ……。

ここから、ウンチ化石の種類やどのようなことがわかるのかについて、紹介したい。……しかし皆さんは、ある疑問をお持ちではないだろうか？　そう、そもそもの大前提の疑問、「ウンチも化石になるの？」ということである！　私自身、この当たり前ともいえる疑問をもつことをほとんど忘れてしまっている。そこで、改めてここで、ウンチがどのように化石になるのか、について見ていきたい。

脊椎動物のウンチと無脊椎動物のウンチでは、プロセスが異なる。

脊椎動物のウンチ化石は、多くの場合、燐灰石（アパタイトともいい、リン酸塩鉱物の一種）と呼ばれる鉱物が主成分である。したがって、脊椎動物のウンチ化石は、鉱物でできているため、硬い。保存状態がよく、ひび割れなどが入っていない状態の脊椎動物のウンチ化石であれば、手でぐっと押してみても変形しない。もちろん、〝出たてほやほや〟のときからウンチが燐灰石であったわけではない。これについては、身近な例としても、イヌやネコなどのウンチを想像すればわかる。出たてほやほやのソレは、いわば水と有機物の塊であり、踏めばつぶれてしまうほど軟らかい。それでは、最初は軟らかいウンチが、いつ、どのように鉱物化するのだろうか？

いろいろな状況証拠から判断すると、どうやらウンチが砂や泥に埋没した後、比較的早くに微生物の作用によって鉱物化するらしい。砂や泥が岩石化して地層になるよりもずっと前に、脊椎動物のウンチが鉱物化することは事実である。というのも、脊椎動物のウンチ化石を輪切りにして断面を観察すると、ウンチ化石を含む周囲の地層の層構造が、ウンチ化石の輪郭に沿って湾曲しているような場合が、しばしば見られるからである。このような産状を目の当たりにすると、砂・泥にウンチが埋没した後、まずウンチが先に鉱物化してウンチ化石になり、周りの砂・泥が依然として軟らかかったために、ウンチ化石の輪郭に沿って層構造が変形してしまった、と想像できる。

次に、無脊椎動物のウンチについて考える。たとえば潮干狩りの際に、モンブラン状の砂の塊を発見することがある。じつはこれらは、ゴカイ（環形動物）やギボシムシ（半索動物）のウンチなのだ。またあるときには、つぶつぶ状の砂だんごの塊を発見するかもしれない。これは、ナマコ（棘皮動物）やユムシ（環形動物）のウンチである。ゴカイやナマコなど、ここで紹介した海棲無脊椎動物は堆積物食者と呼ばれ、海底の砂や泥を丸ごと飲み込み、その中に含まれるプランクトンなどの有機物成分を餌として吸収し、残りの砂泥を肛門から排泄するのである。したがってこれらのウンチは、実際には砂や泥の塊であるため、無臭である。なので、海水浴や潮干狩りの際に、知らずに踏んでいたとしても何の問題もない。

このような海棲無脊椎動物のウンチも、時として地層中に保存され、ウンチ化石となることがある。堆積物表面に出されたウンチの場合には、波や潮流によってすぐにバラバラにされてしまう。しかし、砂や泥のウンチを、海底に掘った巣穴の中に排泄するような海棲無脊椎動物もいる。そのようなウンチの場合には、波や潮流によってバラバラになってしまうリスクが格段に低くなる。つまり、巣穴の中に排泄された海棲無脊椎動物のウンチは破壊を免れて、化石として地層中に保存される確率が飛躍的に上昇するのである。こうして、無事に（?）地層中に保存された海棲無脊椎動物のウンチ化石を対象にして、私は日頃研究している、というわけである（49ページ図5）。

どんな種類のウンチ化石が見つかっているのか？

さて、それでは次に、どのような種類のウンチ化石が見つかっているのかについて、見ていくことにしよう。

これまでの研究の結果、実にさまざまな種類のウンチ化石が見つかっている。たとえば、これまでに見つかっている中で最大級と考えられているウンチ化石は、白亜紀に生息していた肉食恐竜・ティラノサウルスのウンチ化石である（75ページ図9）。長さが五〇センチ以上に達するウンチ化石も知られている。もちろん、ティラノサウルス以外の恐竜のウンチ化石も見つかっている。ハドロサウルス類の草食恐竜のものと推定されているウンチ化石（51ページ図6）が、アメリカ・モンタナ州の地層から発見されている。こちらもな

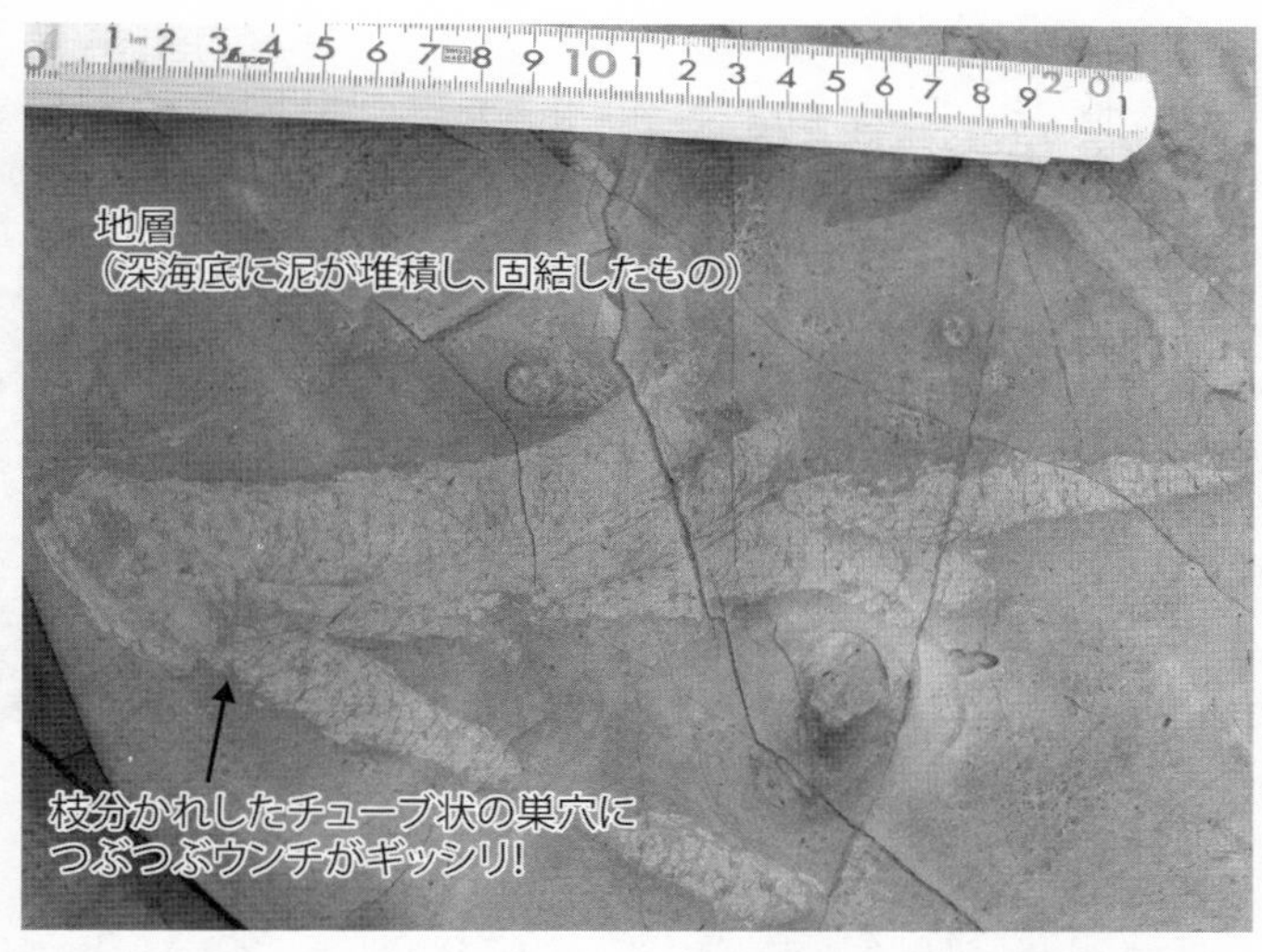

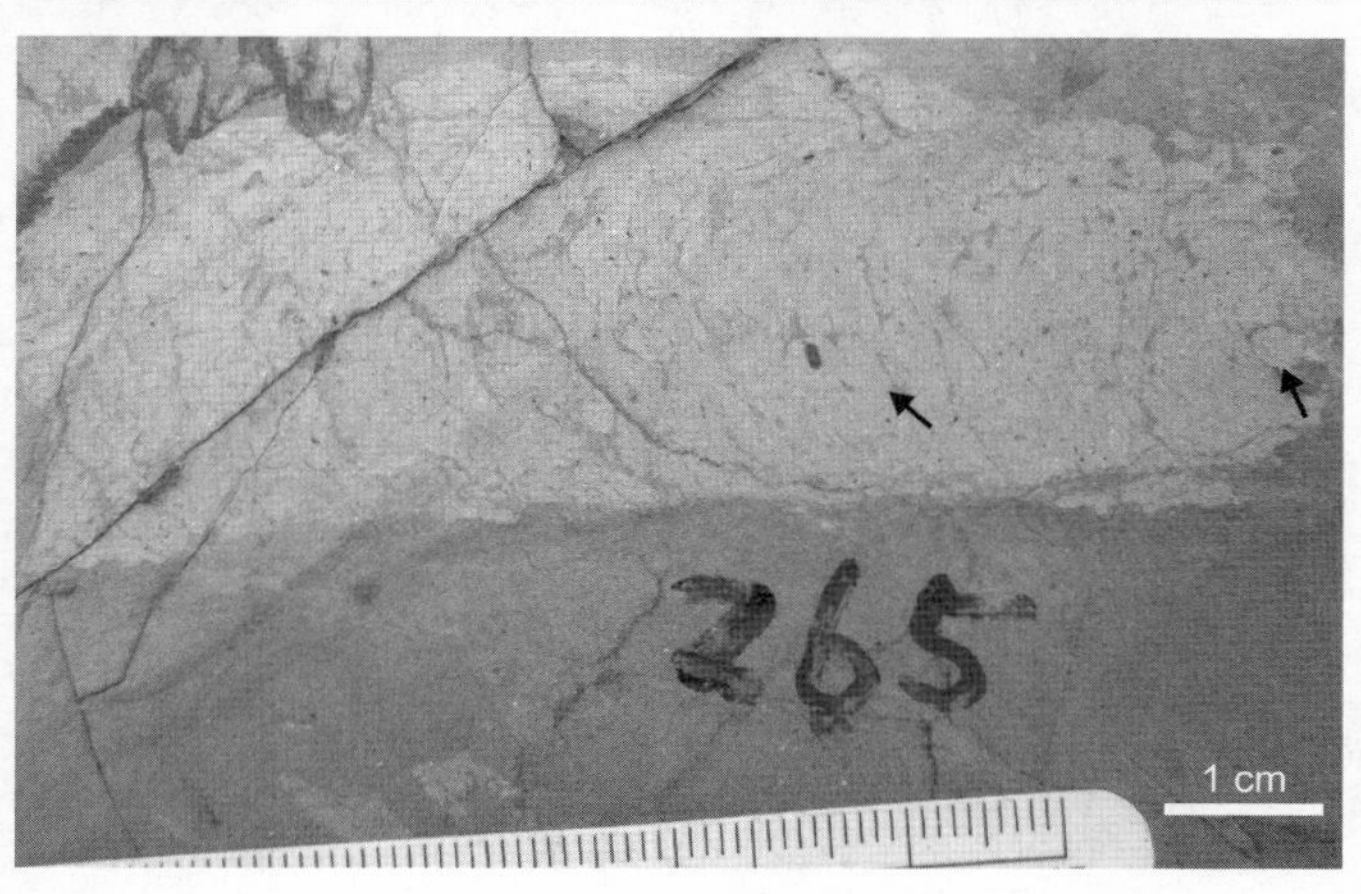

図5 地層中に保存された海棲無脊椎動物のウンチ化石。写真上が全体構造で、下が拡大写真。ユムシのものと推定される。巣穴内につぶつぶのウンチ（矢印）がギッシリと詰まっている。

かなかのサイズで、長さが四〇センチにも達するものが知られている。

恐竜以外の脊椎動物のウンチ化石もたくさんある。たとえば、恐竜と同時代の海に生息していた海棲爬虫類の一種である首長竜のものと推定されるウンチ化石も見つかっており、これについては第三章で詳しく見ていく。他にも、サメのウンチ化石（らせん状の不思議な形をしている）、ワニのウンチ化石、そしてもちろん肉食・草食問わず、哺乳類のウンチ化石はたくさん見つかっている。哺乳類のウンチ化石の中には、もちろんヒトのウンチ化石だって含まれている！

ただし、ヒトのウンチ化石はどうやら学問の境界領域にありそうだ。というのも、遺跡などから出土したヒトのウンチ化石は、考古学者によって研究されるのが普通である。一方で地層から産出した場合には、古生物学者によって研究されることになるであろう。考古学と古生物学は、一般的には混同されがちである。考古学は、人類学や歴史学の一分野であり、遺跡から出土したさまざまな資料の研究を通して、人類の文化活動・社会活動やそれらの変遷の解明を目指す学問分野である。一方の古生物学は地質学の一分野であり、地層から産出する化石を研究することで、過去の生物多様性・生態系の様子やそれらの変遷の解明を目指す学問である。

図6 ハドロサウルス類の草食恐竜のものと推定されるウンチ化石。
写真提供:Karen Chin博士

いろいろな種類のウンチ化石が見つかっている中でおもしろいのが、サメの歯形が付いたとされるワニのウンチ化石である。このウンチ化石は、アメリカ東海岸のチェサピーク湾の岸沿いにある約一五〇〇万年前の地層から発見されたものである。そしてこのウンチ化石には、生物の歯形と推定される構造がくっきりと残っているらしい。このウンチ化石と歯形構造を詳細に研究した論文の著者らは、サメの歯形が残ったワニ類のウンチ化石、と結論付けた。この仮説が本当であるとするとおもしろい。もし水中に浮遊しているウンチがサメに噛みつかれた場合には、一瞬でバラバラになってしまうであろう。それにもかかわらず、原形をとどめた〝歯形付きのウンチ化石〟が地層の中に残っていたということは、サメが噛みついたときにはこのウンチがワニの体内にあった、あるいはワニの腸が引きずり出されてしまった際に噛みつかれた、という可能性がある、と論文著者たちは考えている。ウンチ化石だけから、過去の生態系（被食―捕食関係）がここまで鮮明にわかることも珍しい。

次に無脊椎動物のウンチ化石を少しご紹介しよう。無脊椎動物のウンチは多くの場合、砂や泥の塊であることが多い。したがって、水の流れによってバラバラにならないような条件が整えば、地層中に比較的保存されやすいのだ。たとえば、先に例として紹介したウンチ化石（49ページ図5、フィマトデルマという種類の生痕化石）は、ユムシが海底に掘った巣穴の中に排泄されたつぶつぶウンチである。オフェリアゴカイ科のある種のゴカイによるウンチ化石（マカロニクヌスという種類の生痕化石）なども、地層中からしばしば発見されている。また、非常に小型（直径一ミリメートル程度）のウンチ化石（フィコシフォンという種類の生痕化石）も、海底で形成された地層からたくさん見つかる。全体形状から判断するに、フィコシフォンは蠕虫状の海棲無脊椎動物のウンチ化石であることは間違いなさそうだが、具体的なウンチの〝主〟についてはよくわかっていない。なお、フィコシフォンについては、第五章で詳しく見ていくこととする。

このように、脊椎動物、無脊椎動物ともに、たくさんの種類のウンチ化石がこれまでに見つかっている。

私は、ウンチ化石をたくさん集めて観賞するような〝ウンチ化石コレクター〟ではなく、ウンチ化石から過去の生態系を読み解く重要な情報が得られるため、専門的に研究を進めているのである。この点について、詳しく見ていこう。

ウンチ化石から何がわかるの？

私が〝ウンチ化石コレクター〟ではないということは先にも述べたが、それでもウンチ化石に魅力（もちろん学術的な魅力）を感じて、これまでずっと研究してきたことに間違いはない。このウンチ化石、いや、もっと元をたどればウンチなるものは、なぜこんなにも人々を（いろいろな意味で）魅了してやまないのであろうか。たとえば、私の好きな漫画『Dr.スランプ』（鳥山明、集英社）では、「うんちくん」という名前のキャラクターが登場し、愛嬌たっぷりに描かれている。また、最近では『うんこドリル 漢字』（文響社）なるものが出版され、話題になった。一般的には、「ウンチ＝汚い、くさい」というネガティブなイメージがつきまとっているウンチであるが、それは、人間の深層心理にあるウンチへの興味の現れであるだろう、と私は勝手に考えている。なので、ネガティブイメージのあるウンチが、見方を変えてポジティブ、あるいはコミカルに描かれたりすることもあるのではないか。

ウンチ化石には非常にシンプルな重要性がある。それは「ウンチ化石の中身を調べれば、ウンチの〝主〟の食事メニューがわかる」ということだ。もちろん、ウンチ化石の中に残っているのはあくまで一部の未消化物であり、消化されて吸収されてしまったものは目に見える痕跡としては残っていない。また、ある〝主〟の一生分のウンチのすべてが地層中に保存されることはなく、地層中から見つかるウンチ化石は、ある生物のウンチの中のほんの一部にすぎない。そして、一般にウンチ化石の〝主〟をぴたりと特定することも非常に難しい。それでも「ウンチ化石の中身を調べれば、ウンチの〝主〟の食事メニューがわかる」という単純明快な事実こそが、ウンチ化石研究の生命線ともいえる武器である。

当たり前のように聞こえるかもしれないが、この当たり前のことがウンチ化石の学術研究にとって至極重要なのだ。食事メニューがわかれば、太古の生態系における食物連鎖の構造を推定できる。すべての動物にとって、食べることは生きるためのエネルギーを摂取することである。どのような餌をどのように摂取するか、ということは動物個体の生存率に直結する。ひいては、その個体の子孫の数を左右することにつながるため、食べることは（究極的には）動物の進化を考える上でも重要になってくる。

今生きている動物であれば、その個体の食事メニューを知ることは可能である。リアルタイムで行動を観察したり、解剖して消化管の内容物を調べればよいのだ。しかし、太古の昔に生きていた動物が相手となると、これらの研究手法は全く適用できない。ウンチ化石に頼るしか方法がないのである（科学技術がどんどん進歩して、もしタイムマシンができれば、ウンチ化石の研究者は絶滅することになる）。

それでは最後に、いくつかのウンチ化石の中に残された食事メニューの一端をご紹介しよう。まずは、史上最大級のウンチ化石として紹介したティラノサウルスのウンチ化石の中身を見ていきたい！　……と思うのだが、これについては第三章で詳しく見ていくので、ここでは別の例として、無脊椎動物のウンチ化石の中身を見ていこう。特に私は、ユムシのものと推定されるウンチ化石（フィマトデルマ）について、これまで重点的に研究を行ってきた。巣穴に詰まったつぶつぶウンチの中身を顕微鏡で覗いてみると、珪藻（けいそう）や円石藻（えんせきそう）といった、海洋表層に生息している植物プランクトンの化石が含まれていることがわかった。研究対象のユムシのウンチ化石は、深海底で形成された地層中に保存されていた。ということは、ウンチをしたユムシそのものは、その昔は、水深一〇〇〇メートル以上の深海底に生息していたことになる。これは不思議なことだ。なぜなら、深海底のユムシが一〇〇〇メートル以上体を上に伸ばして、海洋表層に生息している珪藻や円石藻を捉えて食べる、ということは不可能だからである。なぜこのようなことが起こるのであろうか？

実は、海洋表層に生息している植物プランクトンの一部は、それらを食べた動物プランクトンの糞として、あるいは大量の植物プランクトンの死骸が凝集することで、海洋中を一〇〇〇メートル以上も沈降することが知られている。このような沈降する動物プランクトンの糞や植物プランクトンは、水中カメラで様子を撮影すると雪のように見えることから、マリンスノーと呼ばれている。それが深海底に到達して、ユムシなどの深海底に生息する動物たちの餌資源になるのだ。地味なユムシのウンチ化石から明らかになる世界が、太古の海洋生態系の中の壮大な一コマだと思うと、なかなかおもしろい。

良質な化石保存場所としてのウンチ化石

二〇一一年、古生物学における国際学術誌に、日本人研究グループによる、ある興味深い論文が掲載された。その研究成果は、「3D化石と『汚物だめ』:カンブリア紀オルステン化石の保存の謎を解明」という、なかなかインパクトのあるタイトルでプレスリリースされた。その論文は、スウェーデンにある、今から約四億九五〇〇万年前(カンブリア紀末期)の地層に含まれる「オルステン化石群」に関する研究である。オルステン化石群は、非常に小型(〇・一〜二ミリメートル)の小型海棲動物の化石が、非常によい保存状態で(目など、通常であれば分解されやすい器官も残っている)、かつ立体的(3D)に残っているという、古生物学者にとっては夢のような化石である。二〇一一年の論文では、このようなオルステンの３Ｄ化石が、別の動物が排泄した大量のウンチにまみれて保存されている、ということを初めて報告したのだ。この論文のキーポイントは二つある。一点目は、保存状態のよい３Ｄ化石は、別の動物のウンチ化石が濃集（のうしゅう）している層からのみ発見されることだ。そして二点目は、このウンチこそが３Ｄ保存の鍵になるという点である。地層と化石の元素マッピング分析を行っているのだが、その結果によると、大量のウンチから化石保存の鍵となるリンという元素が供給されて遺骸の３Ｄ保存が促進されるらしい。研究グループは、このようなウンチ（に含まれるリン）が鍵となる化石の保存プロセスのことを、「汚物だめ（＝肥溜め）保存」と命名している。肥溜めという言葉そのものの持つイメージはアレだが、いい得て妙である。

　ここまで見てくると、ウンチ化石が、良質な化石保存場所として機能しているのでは……ということが推察できる。前述した二〇一一年の論文の場合は、ウンチ化石からリンが供給されることが鍵となったが、いろいろと考えていくと、それ以外にもウンチ化石の持つ「化石保存場所」としての有用性が見えてきそうだ。もう一つ重要なのは、ウンチの中が、外部環境から隔離された閉鎖空間となっている点である。骨や殻といった硬組織は、分解に対する耐性が高いので地層中で化石として保存される可能性が高い。一方で、オルステン化石群のような小さいものや、目や筋肉などの軟組織といったものは、分解に対する耐性が非常に低い。要するに、微生物の活動によって、通常ならば動物の死後すぐに分解されてしまうのだ（動物は死後、肉が腐敗し、骨や歯や殻などが残るということを想像するとイメージがわきやすい）。しかし、遺骸が急速に砂泥の中に埋没してしまった場合や、あるいは周囲の環境中の酸素濃度が低いといった限られた条件下では、軟組織の分解が抑制され、非常に保存状態のよい化石となることもある。そして、ウンチの中も例外ではない。遺骸が海水にさらされていると、微生物の活動によって、遺骸が化石として地層に保存される前に軟組織はきれいさっぱり分解されてしまう。あるいは、他の動物によって食べられてしまうかもしれない。一方で、ウンチの中に遺骸が取り残された場合には、上述したようにほとんど分解されずに良好な状態の化石となって地層中（のウンチ化石の中）に保存される、という仕組みだ。

このように考えてみると、ユムシのウンチ化石（フィマトデルマ、49ページ図5）の中に保存された珪藻や円石藻の化石（の少なくとも一部）は、かなりきれいな状態で残っているのだが、これは偶然ではないであろう。また、ブラジルにあるペルム紀（約二億九九〇〇万年前～二億五二〇〇万年前）の地層から産出するフィマトデルマを、大学院生のころに研究していたことがある。当時は、研究にほぼ一〇〇パーセントの時間を捧げていたので、ウンチ化石を求めて地球の反対側にまで出かけて地層ブラブラを実践していたのだ。このブラジルのフィマトデルマを顕微鏡で観察していると、驚いたことにバクテリアの化石がきれいに保存されていることを発見した。

もちろん、このバクテリア化石は、今となっては鉱物になってしまっているのだが、それでも元の輪郭をきれいにとどめたバクテリア化石が、ウンチ化石の中にたくさん保存されているのを発見したときには、とても驚いたとともに少し困惑したのをよく覚えている。何しろ、当初の狙いは、もちろんユムシのウンチ化石の中に残された食事メニューを見つけることにあったためで、まさかバクテリアのような極めて分解されやすいものが化石として残っているなどと想定していなかったのだ。ただ、このバクテリアが、本当にユムシの食事メニューであるのかは、正直なところわからない。環境中や生体内には、たくさんの微生物がいるので、バクテリア化石がウンチ化石の中から見つかったとしても、必ずしも〝主〟が食べたもの、とは結論付けられないのだ。とはいえ、この事例からも、ウンチ化石が良質な化石の保存場所として機能していることは実感できる。

ティラノサウルスのウンチ化石の中に餌になった動物の筋肉組織が保存されている事例

も報告されており、ティラノサウルスのウンチも良質な化石保存場所として機能していたことを示している。

ウンチの中の包有物というと、一般的には断片化したり、消化が進んで状態が悪かったりというイメージもあるが、古生物学的に長い時間スケールで考えた場合には、ウンチが良質の化石保存場所としての役割を果たしているということだ。第一章でも述べたように、現状では生痕化石の研究数は少ないのだが、今後は生痕化石の研究によって古生物学史上最大級の発見があるかもしれない。未知の化石や保存状態のよい重要な化石は、実はウンチ化石の中に選択的に取り残されているかもしれないのだ。化石が古生物学研究の主役であるのは自明だが、ウンチ化石が陰の主役に躍り出る日も近いのかもしれない……。

ウンチ化石の中にも見られる生痕化石：糞食の証拠

まだまだウンチ化石の魅力を語りつくせたわけではない。ウンチ化石の中に見られるのは、〝主〟の食事メニューや保存のよい3D化石だけではないのだ。他にもおもしろい化石が含まれていることがある。そう、ウンチ化石とは化石の宝庫なのだ。

ウンチ化石に含まれることがある、食事メニュー、3D化石に続く第三の化石とは、実は別の種類の生痕化石である。要するに、ウンチ化石も生痕化石なので、生痕化石の中に含まれる生痕化石、ということだ。専門用語では、composite trace fossil（対応する正式な訳語はない）と呼び、生痕化石のマトリョーシカ、といったところであろう。

それでは、ウンチ化石の中には、どのような生痕化石が見られるのであろうか？　ほとんどすべてが、巣穴の化石か別のウンチの化石である。これが何を意味するのかというと……ウンチ化石の中に、そのウンチを食べた別の動物による生痕化石が残されている、ということである！

ウンチを食べる動物として最もイメージしやすいのは、フンコロガシであろう。フンコロガシは、糞虫（ふんちゅう）（コウチュウ目コガネムシ科および近縁な科に属する昆虫のうち、食糞性のもの）の代表格である。実際に、糞虫が別の動物のウンチを食べ進めていくと、ウンチに巣穴が掘り込まれた状態になるのだが、このような巣穴が生痕化石として、ウンチ化石の中に存在することがある。ややこしい表現が続いてしまうが、ある動物のウンチ化石の中に糞虫の巣穴の生痕化石が保存されている、ということである。

なんと、一九九六年に古生物学分野の国際学術誌に掲載された論文では、アメリカ・モンタナの白亜紀後期（約一億一〇〇〇万年前～六六〇〇万年前）の地層から産出した草食恐竜のウンチ化石の中に、糞虫による巣穴化石が見つかったと報告している。糞虫の起源や糞食行動の進化にはさまざまな見解があるし、現在の糞虫の大半は哺乳類（の中でも特に草食動物）の糞を食べる。ただし、ここで紹介したように、始原的な糞虫が、本当に白亜紀末の草食恐竜（＝爬虫類）のウンチを食べていたとすると、進化的にもとてもおもしろい。もちろん論文の著者たちもこの可能性について言及していて、一九九六年の論文では、糞虫の糞食行動の進化は、恐竜の存在とリンクしていたかもしれない、と述べている（ただし、本当のところはまだわからないが……）。

また、無脊椎動物のウンチ化石の中にも、別種の巣穴化石やウンチ化石が残されていることがある。ここでもまた、例としてユムシのウンチ化石（フィマトデルマ）が登場する。ユムシのウンチ化石を、いわば〝上書き〟するように、より小型の巣穴化石やウンチ化石が見られることがある。ユムシのように、海底に生息している無脊椎動物のウンチは、砂や泥の塊であるということは既に述べた。

しかし一般的に、ウンチを構成している砂や泥には、ウンチの周囲の普通の砂や泥よりも多くの有機物が含まれている。したがって小型の海棲動物にとっては、海棲無脊椎動物のウンチは、普通の海底の砂・泥よりも良質の餌場となるわけだ。おそらく、このような小型海棲動物は、自身の行動範囲の近くにユムシなどのウンチがあった場合、それを選択的に摂食するのであろう。ある意味、ユムシのウンチ化石に〝上書きされた〟生痕化石も、糞食行動を反映しているのだ。糞虫の巣穴化石が発見された恐竜のウンチ化石の例は陸上生態系、そしてここでの例は海洋生態系である。もしかすると、糞食という行動は、思っている以上に一般的なものであるのかもしれない。

ゴカイのウンチの中で新たな鉱物ができる？

ここまで、ウンチ化石がいかに化石の宝庫（いろいろな意味で）であるかを紹介してきた。そんな化石パラダイスともいえるウンチ化石であるが、その魅力（＝学術的重要性）は、それだけにはとどまらない。

化石ではなく鉱物の話をしたい。タマシキゴカイという、主に干潟の砂泥中に生息する種類のゴカイのウンチの中で、新たな鉱物が作られている、というものだ。同一の研究グループによる研究成果が、二〇〇四〜二〇〇六年にかけて地質学分野の国際学術誌上に発表された。これらの論文では、タマシキゴカイを実験水槽内で飼育した。タマシキゴカイの食性は堆積物食といって、砂や泥といった堆積物を摂食する。ただし、実際に吸収するのは堆積物に含まれている有機物の成分であり、吸収されなかった有機物と一緒に堆積物もウンチとして排泄される。

論文では、実験用の堆積物（鉱物の集合体）を摂食させ、排泄したウンチを調べたところ、ウンチを構成している堆積物中に新しい鉱物が形成されていたことが報告されている。新しく形成された鉱物を詳細に調べてみると、粘土鉱物と呼ばれる種類の極めて粒子の小さな鉱物であることがわかった。すなわち、タマシキゴカイが堆積物を摂食すると、堆積物が消化管を通過する際に変質し、新たな粘土鉱物が形成される、ということであるらしい。

ゴカイの消化管の中で新しい鉱物ができるのだから、なかなかインパクトのある研究成果である。ちなみに、私自身もクロナマコのウンチを予察的に観察したことがあるのだが、この現象はどうやらタマシキゴカイに限った話ではなさそうである。大学院生のころに、沖縄で沿岸生物調査をした際に、クロナマコのウンチについていろいろと調べたことがある。クロナマコもタマシキゴカイと同様に堆積物食の無脊椎動物であるが、クロナマコのウンチ（＝砂や泥の集合体）を観察してみると、上述した二〇〇四〜二〇〇六年の論文で報告されているものとよく似た粘土鉱物が見られたのである。

海棲無脊椎動物の消化管で新しい鉱物が作られる現象は、実は普遍的に見られる現象なのかもしれない。ゴカイやナマコの消化管は恐るべし、そして侮れない、といったところであろうか……。

ウンとチのつくコラム

生痕化石にも学名が付けられる

本書ではここまで、いくつか生痕化石の種類の具体的な名称が出てきた。プラノリテス、トレプティクヌス、フィマトデルマ……などなど、どれもこれも噛んでしまいそうな名称ばかりだ。

実はこれらは、ラテン語由来の正式な学名である。生物の分類の際には、特定の生物の分類群には学名と呼ばれる名称が付けられる。学名の命名法については、分類学で決まった規約があり、それに則(のっと)った手続きで正式な学名が付けられる。リンネ（分類学の父、とも称される）による二名法に則って、生物の種名は「属名」＋「種小名」で構成され、たとえばヒトの場合は *Homo sapiens*（ホモ・サピエンス）であり、イタリック表記（斜体）で記載する決まりである。

ちなみに、本書でも何度も登場するティラノサウルスというのは正確には属という分類階級の名称で、*Tyrannosaurus* という。有名な「T・レックス」というのは、正式には、ティラノサウルス属の中の一種である *Tyrannosaurus rex* という種に属する恐竜のことである。

生痕化石は、生物の行動の痕跡なので、厳密には生物そのものではないのだが、伝統的に分類学の命名規約が（ある程度の範囲で）適用されることになっており、プラノリテス、フィマトデルマといった名称は、すべて属名である（恐竜でいうところのティラノサウルスという呼び名に相当）。

日本最古の脊椎動物のウンチ化石

現在知られている中で、国内最古の脊椎動物のウンチ化石は、宮城県に分布する、約二億四七〇〇万年前（三畳紀前期）に海底で形成された地層から発見されたものである（72ページ図7）。同じ地層からウンチ化石が複数発見されているのだが、中でも最大のものは幅二・七センチ、長さ七センチほどで、形もなかなか立派で、〝それっぽさ〟が漂う風格である。

千葉セクションで見られるウンチ化石

地質時代の一つに、「チバニアン」という時代名が正式に追加された。このチバニアンの提案に当たって、鍵となる重要な地層が千葉県市原市に存在し、「千葉セクション」という名称で呼ばれている。第一章のコラムでも述べたが、私は幸運にもチバニアンの研究チームに携わっていたこともあり、千葉セクションで見られる生痕化石の調査を行ってきた。千葉セクションは、海底で形成された地層であり、海棲無脊椎動物による生痕化石が多数発見されている。

その中でも、無脊椎動物のウンチ化石と推定されるものがあるので、ここで紹介する（72ページ図8）。千葉セクションで観察できるのは化石の一断面であるため、詳しいことはわからないのが実情だが、写真を見ると、チューブ状の構造の断面に、米粒のようなつぶつぶが複数詰まったような見た目をしている。このチューブ状の構造はおそらく巣穴であり、巣穴の中に詰まったつぶつぶは、49ページの図5でも見てきたものと同様、海棲無脊椎動物のウンチであろう。

研究者人生紆余曲折 その一

現在こそ生痕化石の研究をしているわけだが、まえがきでも書いたように、自身の専門研究の対象がすんなりと生痕化石に決まったわけではなかった。そんな紆余曲折エピソードを少しだけここでご紹介したい。

大学の研究室において地層や化石の専門研究をするということは、「▽▽という目的で、今から△△万年前の××地域における環境を解明したいから、□□県◇◇市内の地層とそこから産出する化石を研究する」ということである。今考えれば当たり前なのだが、実際の専門研究というのは、具体的な研究目的があってそれを達成するために詳細な計画を練って進めていくものである。だが、大学四年生になりたての私には、そんなことなど全く思いもよらぬことであった。しかも、研究成果は少なくともその一部がオリジナル、つまり世界初でなければ研究が行われていないのと同然になってしまうのだ。

そんなことなど露知らずにいた私であるが、指導教員から研究内容や調査地の話などをうかがい、卒業研究では山口県下関市に分布する、今から約一億八三〇〇万年前の地質年代（ジュラ紀前期）の地層を調査地とすることになった。下関市で地質調査を行い、地層を構成する岩石試料や含まれる化石を採取し、観察・分析することでジュラ紀前期の海洋環境を推定するという研究を行った。

調査地としていた下関市のジュラ紀前期の地層は、当時の大規模な環境変動の証拠が記録されている重要な地層であるということが先行研究によって指摘されていた。だが、大学四年生の私は、調査地の重要性を今の一〇〇分の一も理解していなかったな……と恥ずかしくなってしまう。

何はともあれ、それから一〇年以上経った今になっても、下関市のジュラ紀前期の地層の研究を継続しており、しかも二〇一三年からは海外の研究者と一緒に研究を行っている。調査を続けていくと、下関市の地層からは、海棲無脊椎動物の生痕化石が産出することもわかってきたので、巡り巡って今の「地層ブラブラ」につながっていると思うと、感慨深い。

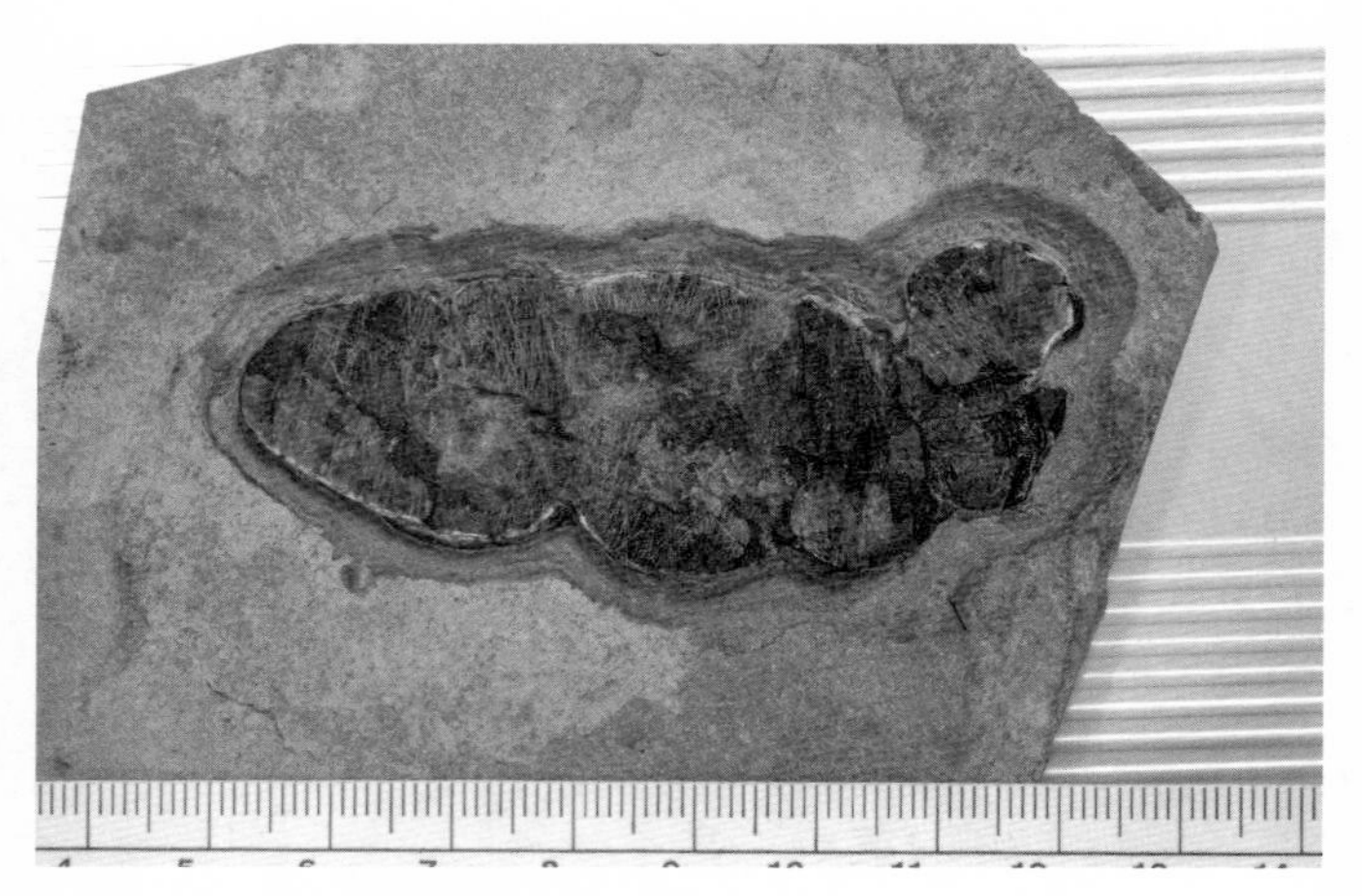

図7 日本最古の脊椎動物のウンチ化石の一例。

図8 チバニアン命名の重要な根拠となった地層「千葉セクション」で見られる、海棲無脊椎動物のウンチ化石の断面（写真中央）。

第三章　ティラノサウルスと首長竜のウンチに挑む

第二章では、ウンチ化石からわかることについて、多角的にご紹介してきた。ウンチ化石というと、「くさくないのか？」と思われがちだが、くさくも何ともなく、実はウンと深く、蘊蓄（うんちく）と含蓄に富むチ的なストーリーが潜んでいる。第三章では、研究者たちがこよなく愛するティラノサウルスや首長竜のウンチのチ的解釈を紹介する。

ウンチもデカくて派手なティラノサウルス

ついに、ウンチ化石の中の花形役者を取り上げていこう。ウンチ化石の花形役者というのは、そう、誰もが知っているあの恐竜のウンチ化石（75ページ図9）である！　白亜紀（約一億四五〇〇万年前〜約六六〇〇万年前の地質時代）の後期、陸上生態系の頂点に君臨していた史上最大規模の肉食恐竜、「暴君トカゲ」が名前の由来になっているティラノサウルスである！　ティラノサウルスは成体であれば体長が一〇メートルを超えることもある、鋭い歯をもった超巨大な肉食恐竜である。

生きていたときの姿については、近年もさまざまな新知見が出てきており、その度に復元図が変わってきている。一昔前に考えられていたような、茶色っぽい体色の「ゴジラ型（=尾を引きずって二足歩行）」ではないようだ。むしろ、尾を地面と水平に伸ばしたよう

図9 ティラノサウルスのものと推定されるウンチ化石。右下にある定規は10センチメートル。この標本はカナダ、サスカチュワン州のレジェイナにあるロイヤル サスカチュワン博物館に所蔵されている。
写真提供:Karen Chin博士

な姿勢であり、羽毛も生えていたかもしれない、という見解が現在では優勢である。ちなみに、この時代の哺乳類は、恐竜の繁栄の陰に隠れたマイナーな存在であった。人類が誕生するのはもっとずっと後の時代で、約七〇〇〇万年前になってからである。人類がティラノサウルスと共存していたら……と思うと、これ以上は少しグロテスクになってしまいかねないので、割愛することにする。

ティラノサウルスに関しては、「何を食べていたの？」「どのくらいの速度で走れたの？」「体重はどのくらい？」「羽毛はどんな色だったの？」といった疑問が普通であろう。しかし、生痕化石の研究者は少し違った点が気になるものだ。大半の生痕化石研究者は「足跡化石を発見できれば、歩行様式や歩行速度を推定できるのでは？」と考えるだろう。

しかし、マニアックな研究者であるウンチ化石ハカセ（とりわけ地味なほう）の私は、「ウンチ化石を発見できれば、食生活を推定できるのでは？」と考えるのだ。

爬虫類である恐竜は、総排泄孔と呼ばれる器官からウンチを排泄したと考えられる。総排泄孔とは、消化管の末端開口部と泌尿生殖器官の開口部が同一となった器官で、両生類や爬虫類（＋原始的な哺乳類も）に見られる。人類を含む多くの哺乳類は、肛門と尿道口と生殖器官の開口部がすべて分離しているので、総排泄孔がイメージできにくいかもしれない。

動物が生涯で排泄するウンチの量は、寿命にもよると思うが、動物本体の体積よりも多いと考えられる。骨に比べてウンチのほうが分解されやすいことを考慮しても、ティラノサウルスの骨の化石よりもウンチ化石のほうがたくさん残されていてよさそうなものだ。

これまでにティラノサウルスのウンチ化石は発見されているのだが、私自身は実物を見たことがない。それなのに語って、ごめんなさい……。しかしながら、知られざるウンチ化石の重要性と魅力を世間一般に広くお伝えすることが責務だと考えているので、ティラノサウルスのウンチ化石について筆を進めることにする。

ここでは、世界一権威のある科学雑誌との呼び声が高いイギリスの『Ｎａｔｕｒｅ』誌上に発表された、由緒ある（？）ティラノサウルスのウンチ化石を紹介しよう。そのウンチ化石とは、カナダのサスカチュワン州に分布している白亜紀末の地層から発見された代物である。ウンチ化石の最大の特徴は、なんといってもその巨大なサイズである。写真は調査を行っているカレン・チン博士から提供していただいたものだ（75ページ図9）。なんと、幅は最大で一五センチほどで、長さは最大で四四センチにも達するという。まさに、超巨大ウンチ化石である！　われわれが普段目にする自分のモノと比べると一目瞭然であるが、あまりにもデカすぎる！　……とはいえ前述の通り、ティラノサウルスの成体の体長が大きいもので一〇メートル以上（日本人成年男性の平均的身長と比べると、約六倍）に達することを考えれば、そのサイズ感は実は妥当なのかもしれない。

そんな超巨大なティラノサウルスのウンチ化石からは、ずばり、ティラノサウルスの食生活の実情がわかる。ウンチを出すちょっと前（正確にはわからないが、一～二日前くらいか？）に食べたものの一部が垣間見えてくる。

ウンチ化石の薄片（地質学分野では、岩石試料や化石試料を薄くした切片のことを薄片と呼ぶ）を作ってみると、中に何が残されているのかわかってくる。薄片は、岩石カッターや岩石研磨機などの実験設備を使って作成する。その薄片を専門の顕微鏡（偏光顕微鏡）で覗いてみると、骨の化石のカケラが見つかることがわかった。このことは、ティラノサウルスは他の脊椎動物を食べていた、ということを示している。歯の化石からも想像できることではあるが、当時の陸上生態系の頂点に位置する「高次捕食者」であったということを裏付ける証拠といえる。

また、同じくカナダのアルバータ州でカレン・チン博士らが研究したティラノサウルスのウンチ化石の中には、動物の筋肉組織がハッキリと保存されている。サスカチュワン州産のウンチ化石と同様、ティラノサウルスが高次捕食者であったことを示しているのだが、アルバータ州産のほうは、もう一つの重要性を秘めている。ウンチが良質な化石保存場所として機能している、ということである。

サスカチュワン州産のウンチ化石のように、中に骨化石が保存されていることは特に驚くべきことではない。他の肉食動物のウンチ化石の中からも骨化石が発見されるという事例も多い。しかし、筋肉組織となると話は別だ。筋肉のような軟組織は、骨や歯などの硬組織と異なり、分解に対する耐性が非常に低い。要するに、微生物の活動によって、通常ならば動物の死後すぐに分解されてしまうのだ。しかし、遺骸が急速に砂泥の中に埋没してしまった場合や周囲の環境中の酸素濃度が低いといった限られた条件下では、軟組織の分解が抑制され、化石として保存されることもある。

第二章でも述べたが、ウンチの中は、見方を変えれば環境から隔離された閉鎖空間である。ティラノサウルスの超巨大ウンチ化石についても、例外ではない。通常、すぐに分解されてしまうような生体組織も分解を免れ、奇跡的に化石として保存されるということが起こる。

首長竜のウンチ化石？

私自身は富山県内で行っている最近の地質調査で、海棲爬虫類の一種である首長竜のものと推定されるウンチ化石を発見して、現在研究中である（81ページ図10・11）。首長竜は、海棲爬虫類の一種で、三畳紀（約二億五一〇〇万年前〜約二億一〇〇〇万年前の地質時代）の後期から白亜紀にかけて生息していた。首長竜のものと推定されるウンチ化石の薄片を偏光顕微鏡で覗いてみると、魚の鱗（うろこ）と思われる構造が見つかっている（81ページ図12）。このことから、首長竜は当時の海洋生態系における高次捕食者であったことがわかる。

ただし、この首長竜のものと推定されるウンチ化石は、現在研究中の代物である。まだまだわからないことも多い。そもそも首長竜のウンチ化石であるかも、現時点では仮説の段階にすぎない。ここで、仮説の根拠を少し整理してみる。

仮説の根拠その一は、そもそもこのウンチ化石が見つかった富山県の地層が、ジュラ紀前期に浅い海の底で形成された地層であることだ。したがって、この地層から見つかったウンチ化石は、高確率で海棲動物のウンチであると考えられる。根拠その二は、このウンチ化石の薄片を覗いてみると魚の鱗が見られたため、肉食の海棲動物のウンチと考えられることである。最後に根拠その三は、このウンチ化石が産出する地層から、その昔、首長

図10 富山県での地質調査の現場。

図11 図10で発見した首長竜のものと推定されるウンチ化石。

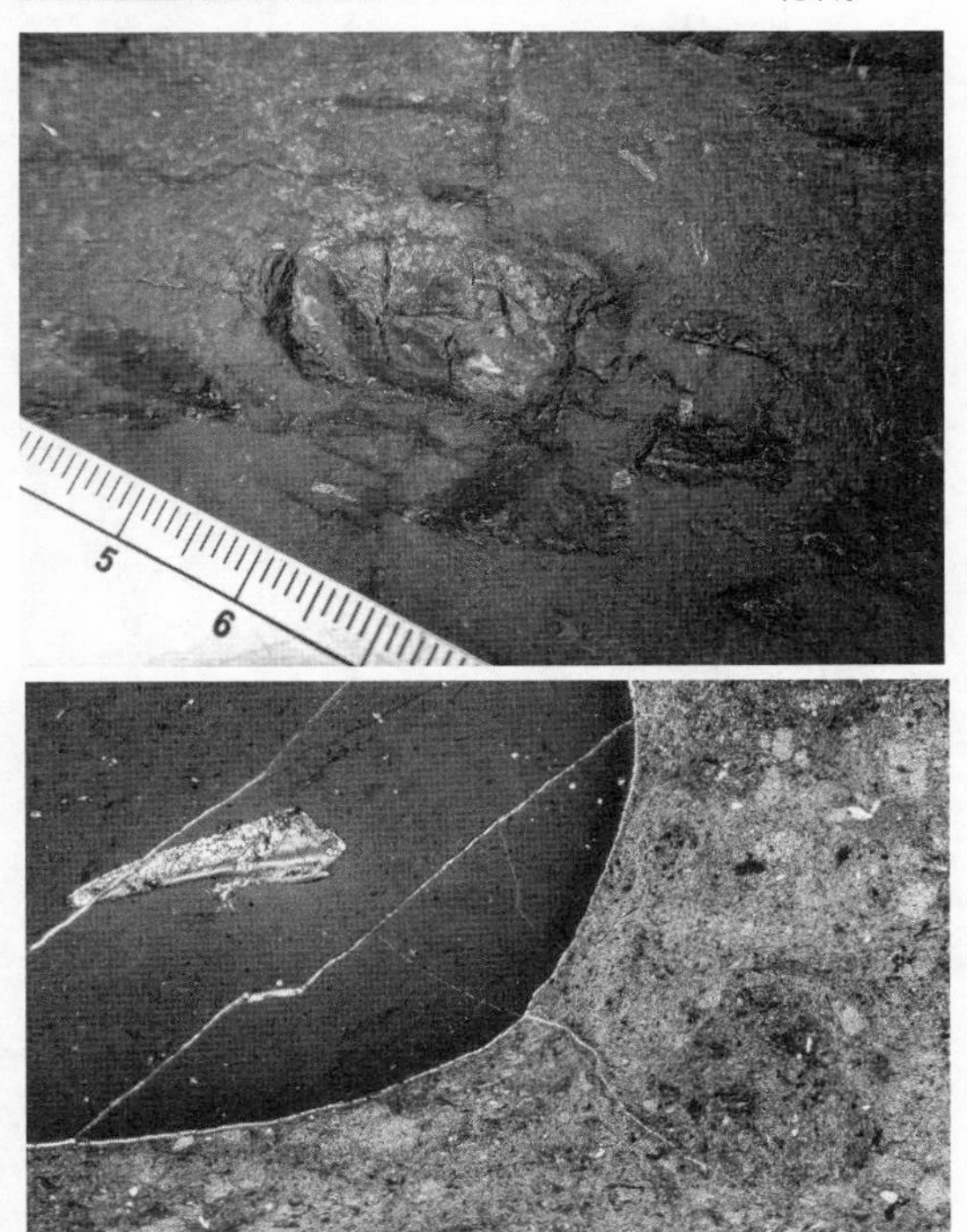

図12 首長竜のものと推定されるウンチ化石の顕微鏡写真。左側がウンチ、右側は地層。内包物は鱗と思われる。

竜の歯の化石が見つかったという報告があることだ。

このように整理してみると、「あるウンチ化石が□□という動物のモノである」と断言できるような根拠は、何一つとしてないのである。それにもかかわらず、第三章では堂々と「ティラノサウルスのウンチ化石」を紹介してきた。結局のところ、過去の地球にタイムトラベルができない以上、過去の事象に対して「絶対にこうだ」とは断言できない。しかし、それでもなお、上述のようにさまざまな状況証拠を集めて多角的に考察していくことで、「このウンチ化石は□□という動物のものである可能性が高い」と結論付けることはできる。このとき、ウンチ化石の研究者が行っていることは、いわば事件現場に残された数々の証拠を丹念に検討して、事件の容疑者を推定するようなものである。先に紹介したティラノサウルスのウンチ化石についても、正確には、ティラノサウルスのものである可能性が高いウンチ化石、ということになる。

これは、実はウンチ化石に限らずすべての生痕化石の研究に対していえることであり、非常に重要な問題である。

ウンチ調査の現場から

それでは、ここで、首長竜のものと推定されるウンチ化石の調査の現場を少しご紹介しよう。ウンチ化石に限らず、すべての化石（体化石も生痕化石も）は、地層の中に存在している。したがって、ウンチ化石の研究現場とは、実際には地質調査現場のことである。

地質調査の際には、専門的な知識・技能と健康な心身のみならず、私が勝手に〝アウトドア力〟と呼んでいるある種の能力も必要になる。専門的な知識・技能については、大学や大学院の授業や実習を通して身に付けることができるし、健康な心身についてはトレーニングや日常生活の中でもある程度維持することができる。私の場合、大学は理学部の地球惑星環境学科、大学院は理学系研究科地球惑星科学専攻の出身であるため、地質調査の専門的な知識・技能については一通り学習済みである（今では、大学で地質調査の実習も担当している）。そして心身のほうは、大学時代は四年間応援部に所属し、大学院時代は学内のトレーニングジムに週二回程度通っており、大学院修了後はしばらく草野球をやっていたが、ここ最近はめっきり体を動かすことがなくなってしまった……。が、一応、心身についてはスタンダードなレベルにあると思っている。

問題なのが、アウトドア力である。地質調査では、たとえば目的とする地層が険しい山奥に存在する場合がある。地形図や山の状況などを総動員しながら、目的の場所に安全に着くための最適なルートを探し出し、そして実際に現場にたどり着く必要がある。また、海外の地層では、砂漠のど真ん中に目的の地層が分布していることもある。その場合には、現地にたどり着くために車で丸一日以上走行したり、調査中は風呂・トイレなしのテント生活を送ることになる。私の場合、このアウトドア力が圧倒的に低い。これまでの研究者人生でも、比較的アクセス良好な地層で調査を行ってきた。研究目的のウンチ化石が、たまたまアクセス良好な地層に存在していることが多かったのだ。

現在研究中の首長竜のものと推定されるウンチ化石を発見した富山県内の地層は、日本アルプスの北部ということもあり、山が険しく、タフな調査が必要である（81ページ図10）。アウトドア力低めの私なので、ここ最近は、年間一～二回の頻度で現地に出向いてゆっくりと研究を進めている。しかし、数年前の台風に伴う豪雨の影響で、現地へ向かう山道の一部が崩落してしまい、ここ一、二年は調査ができていない。

つくづく、研究は一筋縄でいかないことが多いものだと感じる。実際の「一筋縄でいかない過程」というのは、必ずしも地質調査の困難さだけではなく、実験機器のトラブルや得られたデータの解析など、さまざまなものがある。何はともあれ、一〇年後くらいには、「あのときの首長竜のウンチ化石の研究では紆余曲折があったなあ」と振り返ることができるような状態でありたいと、強く願っている。

化石を見つけるセンス

さて、ティラノサウルスのウンチ化石であっても、首長竜のウンチ化石であっても、そしてアウトドア力が高かろうが低かろうが、まずは地層の中からウンチ化石を発見しないことには研究が始まらない。ここまで、当たり前のようにウンチ化石の話をしてきたが、ウンチ化石とは簡単に見つかるものなのであろうか？　誰しもが同じようにウンチ化石を発見できるものなのだろうか？　答えは、ケースバイケースなのだが、地質学や古生物学にある程度精通した人物であっても、「化石を発見するセンス」は実は人それぞれである。

地層によっては、あたり一面に、文字通り踏むほど化石（ウンチ化石に限らず）が埋まっている、という場合もある（86ページ図13・14）。しかし、同じ地層を調査している場合でも、そこからポンポンと化石を見つけるような人もいれば、全然見つけられないという人もいるのだ。ちなみに私は後者のタイプである。アウトドア力も低い上に、化石を見つけるセンスも低いのだ。このように文字にしてみると、我ながら、よくこの程度の能力で化石の研究を続けてくることができたな……と思うのだが、運とご縁に恵まれて、何と

図13 地層一面に見られる甲殻類の巣穴の化石（カナダ）。

図14 ドイツ、ドターンハウゼンのジュラ紀の地層での筆者。アンモナイト化石がたくさん見つかる場所としても知られる。

か今までやってこられた。

それでは、化石を見つけるセンスとは、一体どのようなものなのであろうか？　これまでにいろいろな共同研究に携わってきているが、同じフィールドを歩いていても次々と化石を見つけるような人に、何人か出会ったことがある。このような人は、いうまでもなく化石を見つけるセンスがとても高いということだが、フィールドで彼らの行動をよく見ていると、いくつかその要因があるような気がしている。

一つ目は、見つけたい化石の特徴や地層中での産状を事前に頭の中にイメージしており、そういったイメージで地層を見ていることである。つまり、完全にフラットな状態で地層を見ているのではなく、ある意味「強いバイアス」をもって地層を見ているのだ。もちろん、この場合のバイアスとは悪い意味ではなく、「目的の化石は△△のような特徴があって、□□のような感じで地層の中に埋まっていることが多いから、そういった感じの場所はどこにあるのだろう？」というように、目的を達成するためのバイアスなのだ。

二つ目は、トライアル・アンド・エラーの数も多いということである。フィールドで、「これは！」と思ったものを逐一確認しているのだ。もちろん、どんなに化石を見つけるセンスに恵まれた人であっても、百発百中ということはない。しかし、トライしないことには（＝「これは！」と思ったときにすぐに確認しないことには）、化石を見つけることはできないのだ。化石を見つけるセンスと実際に見つけることのできる化石の数の関係は、たとえれば、野球における打率と安打数のようなものだ。打率の高い選手は、ピッチャーの球種やコースなどをある程度頭の中にイメージしながら打席に立っているはずである。あとは、当たり前のことだが、バットを振らなければヒットも生まれないように、少しでも怪しいと思ったものを確認しない限りは化石を見つけることはできない。そして、打率の高い選手が試合に出続ければ、必然的に安打数も伸びてくる。同じように、化石を見つけるセンスに恵まれた人がフィールド調査を繰り返していけば、見つける化石の数は必然的に増えてくるのだ。

富山県のフィールドワークで取り組んでいる首長竜のものと推定されるウンチ化石であるが、81ページ図11で示したように、黒っぽい泥岩の地層の中に黒っぽいウンチ化石が埋まっている。これは、ウンチ化石の中でも比較的難度が高い部類に入ると思う。このような場合には、化石を見つけるセンス（＋アウトドア力）を総動員してフィールドワークを行う必要がある。泥岩とウンチ化石とでは、よく見ると質感が異なることがわかる。さらに、地層中にウンチ化石がどのくらいの頻度で埋まっているのかという出現率も重要である。いかにセンスのある人であっても、そもそもの化石の出現率が低ければ、やはり化石を見つけることはとても難しい。

〝アマチュア〟の化石愛好家の力

ちなみに、（ウンチ化石に限らず）化石を見つけるセンスに恵まれた人は、研究職の人物だけに限られるわけではない。アマチュアという表現方法が適切かどうかはわからないが、要するに、普段は会社員なり、学生なりであるが、休日などに趣味で化石を採取したり研究したりしている人もいる。実際に、このような〝アマチュア〟の化石愛好家の中には、化石を見つけるセンスが非常に高い人もいる。先ほどの野球のたとえを続ければ、高校／大学／社会人で野球に取り組んでいる人の中には、中にはプロ野球選手と同等（あるいはそれ以上？）のセンスをもっている人もいる可能性がある。ただし、そのような人が百パーセント、プロへと進むわけではない。中にはさまざまな理由でプロ野球選手以外の職業に就く人もいるであろう。

このように、〝アマチュア〟の化石愛好家の中には、化石を見つけるセンスの高い人がいるということであるが、実際に彼らが学術的にも重要な発見に携わったという例もある。

首長竜にしても、日本国内で初めて発見された首長竜であるフタバスズキリュウ（これは正式な学名ではなく和名）の第一発見者は、高校生（当時）であった。また、北海道でほぼ全身の骨格が発見された恐竜「むかわ竜」の例もある（最近、正式な学術論文が発行され、カムイサウルス・ジャポニクスという学名が付けられた）。この恐竜化石は、地元の化石愛好家によって発見された。

ウンチ化石の愛好家には、まだ出会ったことがないが（もしいらっしゃったらごめんなさい！）、〝アマチュア〟の化石愛好家の中には、自身の化石コレクションの一つとしてウンチ化石を所有している場合もある。富山県の地層から見つかる首長竜のものと推定されるウンチ化石の研究の際に、私自身も、化石愛好家の方から研究のために譲っていただいたことがある。このように、研究とは自分一人で行うものではなく、いろいろな方のご厚意や協力の上に成り立っているのである。

ウンとチのつくコラム

恐竜と首長竜は違う

恐竜と首長竜というと、どちらも太古の地球に生息していた大型の生きもの、というイメージかもしれないが、実は両者は系統が違う。恐竜は爬虫綱双弓亜綱主竜類に含まれ、首長竜は爬虫綱双弓亜綱鰭竜（きりゅう）類に含まれる。

さらに、両者では系統だけでなく生態も大きく異なる。恐竜は、食性（草食、または肉食）や行動（四足歩行、または二足歩行）などについては非常に多様であったが、陸上で生活する爬虫類という点では共通している。一方で首長竜は海の中で生活しており、魚類や頭足類（アンモナイトやベレムナイトなど）を食べていたらしい。

ちなみに、日本産の首長竜としては、福島県で発見された「フタバスズキリュウ」が有名である。これは国内で最初に発見された首長竜であり、映画『ドラえもん　のび太の恐竜』の中でも、「ピー助」というキャラクターとして登場している。

研究者人生紆余曲折　その二

先のコラム「紆余曲折　その一」（69ページ）では、研究対象が生痕化石にすんなり決まったわけではないことを述べた。しかし、対象が決まったからといって、その後の研究者人生がすべて順風満帆というわけでは、もちろんない。いろいろな研究テーマのアイデアを考えて、そのうちの一部は実行に移したりしてみるものの、正式な研究成果（＝学術論文）として公表できているものは、ほんの一部である。

振り返ってみると、特に大学院生のころは、その時間の大半を研究に捧げていたため、四六時中研究のことばかり考えていた。なので、当時は研究のアイデア帳（ネタ帳と呼んでいた）なるものを作っていた。通学途中の電車の中、出張の行き帰り、はたまたお風呂の中など、デスク以外のところのちょっとした時間で、新規研究のアイデアをいろいろと考え、「これは！」と思うものがあれば、その都度メモしていた。ほとんど研究にとりつかれていたな……と自分でも思うエピソードとして、飲み会から自宅に帰って、何とかお風呂に入ってさあ就寝！　というところでよいアイデアを思いついたときには、迷わず飛び起きて電気をつけてネタ帳にアイデアを書き込んだことを覚えている。それでも、結局のところ、ネタ帳の中の研究アイデアが論文として公表されるところまで達成できているのは、体感的には一割もない。

　こうしてみると、私のアイデアの着想がよくないだけかもしれないが、私のネタ帳は、現時点ではほとんど妄想ノートに近いといわれても仕方がない。もちろん、ネタ帳のアイデアのうちの一部は、自分では本当におもしろいと思っているものもあるので、いつかはちゃんと研究して論文にしたいな……という思いはある。ともかく、こうした目に見えないところでも、いろいろな紆余曲折があったりするのだ。

第四章　ウンチ化石研究者が目指しているもの

第三章では、ティラノサウルスと首長竜のウンチ化石についてご紹介した。ただ、首長竜のウンチ化石については現在研究中の代物で、あくまで「首長竜のものと推定されるウンチ化石」であることを強調した。過去にさかのぼってウンチ化石の真の形成者を直接見ることができない以上、ウンチの主の推定には、常に困難が付きまとう。一体どのようにしたら、最も可能性が高い仮説を導き出せるのであろうか……？　ウンチ化石研究者がフィールドとデスクから思いを馳せるのは、ウンチの主とウンチの大きさに関する公式なのである。また、ウンチ化石研究の今後とは？　ウンチ化石の公式に加えて、ウンチ化石を多角的に分析していくことが重要になるであろう。

化石を知るために今の生物を知る

厳密に考えると、化石となっているウンチが、過去に排泄された瞬間を見ていた人は今現在誰もいないのだ。したがって、「□□のものと推定されるウンチ化石」という表現になってしまうのだが、本当のところは誰も知らないのだ。ウンチ化石（に限らずすべての生痕化石）の研究者は、常にこの問題、すなわち〝ウンチ化石を作った生物（主）は何なのか？〟という問題にぶち当たることになる。

この問題は、ウンチ化石だけを見ていても永遠に解くことはできない。視点を変えて考える必要があるのだ。すなわち、化石を知るためには今生きている生物を知る必要がある、ということである。この原則は、何もウンチ化石に限らず、すべての化石研究にとって当てはまる。古生物学者というと、日々、さまざまなフィールドを駆け巡り、地質調査と化石の発掘に明け暮れている、というイメージがあるかもしれない。しかし、実際にはそれだけが古生物学者の仕事というわけではない。化石と近縁な生物の生理や生態について研究し、化石についての考察を深めていくことも、重要な仕事なのである。

特にウンチ化石を研究する場合、多くの場合は地層中から単離した状態でウンチ化石が産出する。単離とは、ウンチ化石が形成生物の化石と離れ、単独で存在している状態を指す。ウンチ化石と動物そのものの化石がセットで出てくる……なんてことは、現実的には起こり得ないのだ。ただ、単離したウンチ化石であっても、その中身や成分を調べることによって、排泄した動物の分類群や食性を大まかに推定することは可能である。

しかし、どのくらいのサイズの動物がそのウンチ化石を排泄したのか、ということを知ることは非常に難しい。たとえば、第三章でご紹介した「ティラノサウルスのものと推定されるウンチ化石」は、最大径が約一五センチで長さは最大で四四センチであった。こんなに巨大なウンチ化石なので、それを排泄したティラノサウルスもさぞかし巨大だったのであろうことは想像に難くない。ただ、実際に研究を進めていく上では、より詳細な情報が重要になってくる。そのウンチ化石を排泄したティラノサウルスの体長（あるいは体重）は、具体的にどの程度であったのか？　それがわかれば、ウンチ化石を含む地層から実際に産出するティラノサウルスの骨の化石と比較可能である。さらに、ウンチ化石を排泄したティラノサウルスの具体的なサイズがわかれば、その個体が幼体であったか成体であったか、ということも明らかになる。ティラノサウルスも、もしかしたら幼体時と成体時には食べているものが違ったかもしれないのだが、現状のウンチ化石のデータだけからはわからない。このようなことを考察していくためには、単離したウンチ化石から、それを排泄した主のサイズを具体的に推定するための、いわば〝公式〟が必要になるのだ。

　というわけで、このような〝公式〟を知るために、数年前から私は、脊椎動物の体サイズとその動物が排泄するウンチのサイズの関係性を、調べ始めている。そのための第一歩として、現在は脊椎動物の中でも、特に（比較的扱いやすい）哺乳類のウンチに注目して研究を進めている。職場の近くにある千葉市動物公園の御協力を得て、園内で飼育しているさまざまな種類の哺乳類のウンチを提供いただき、それらのサイズをひたすら計測している……。非常にシンプルなこの作業を、実にクソ真面目に行っているのだ。

実際には、この研究は共同研究として実施している。他機関に所属する研究者の他、私の所属機関である千葉大学教育学部の研究室の配属学生や教育学部附属中学校・科学部の生徒らと一緒に取り組んでいるのだ（100ページ図15）。家族連れやカップルでにぎわう動物公園の中で、中学生と一緒に哺乳類のウンチのサイズを黙々と計測する様子は、なんともシュールな感じである。しかし、研究の世界は新たなデータを発見し提出することが常に求められるので、時として、これまでに誰もやらなかったことに挑戦していく必要がある。

今回のウンチ研究は、まだまだ始まったばかりであるが、何となくの傾向がつかめてきている。その傾向というのは、ご想像の通り、「大型の動物ほど大きなウンチをする」ということである。ただし実際には、動物の種類によってバラツキが非常に大きい。たとえば、キリンはとても大きいが、そのウンチは目を疑うほど小さい（100ページ図16）。一般的な成人のものよりも小型なのだ！　一方で、同じく大型の哺乳類であるゾウはというと、およそ一五～二〇センチ四方の、かなり大きいウンチをする（100ページ図17）。このようなバラツキは、動物の種類や系統の違い、あるいは食性や消化様式の違いなどに起因しているのかもしれない。いずれにしろ、確固たる〝公式〟を得るために、今後は哺乳類だけ

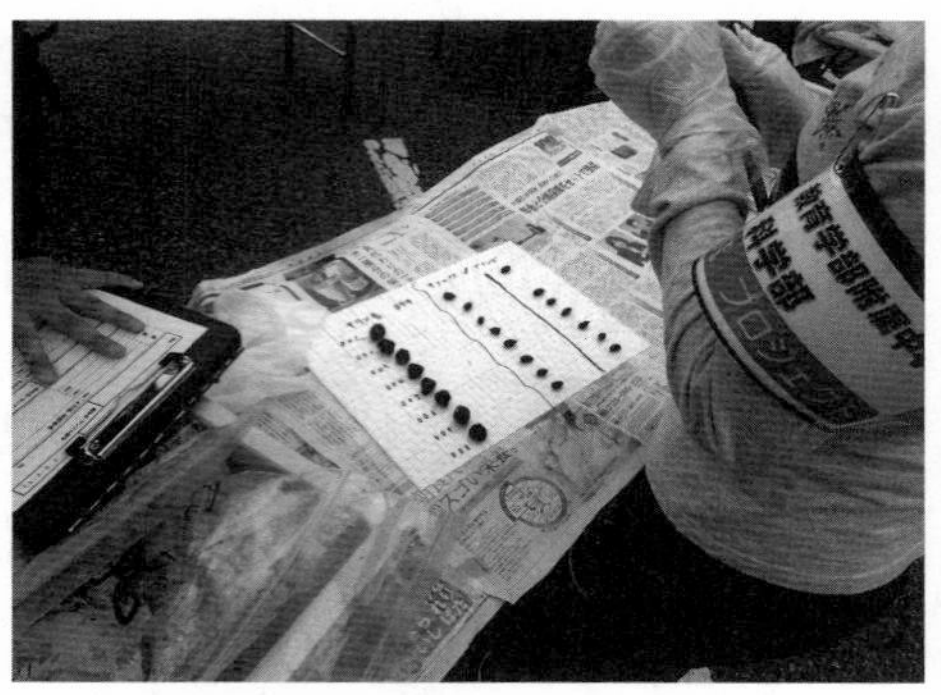

図15 千葉市動物公園で動物のウンチのサイズを計測している様子。

図16 同園のアミメキリン、サツキのウンチの一例。

図17 同園のアジアゾウ、スラタラのウンチの一例。

ではなく、他の脊椎動物も含めてさらにデータを増やしていくことで、最終的には「直径□□センチのウンチを排泄した動物の体重は、九五パーセントの信頼度で△△〜▽▽キログラムである」ということが具体的なデータに基づいて推定可能になると期待される。このような〝公式〟が確立されれば、まさに世界初の成果になるのだ！

こういった〝公式〟をクソ真面目に考えるのも、ウンチ化石研究者ならではの目線なのかもしれない。

他の学問分野との連携

化石を知るためには今生きている生物を知る必要がある、ということを痛感させられるのは、何もウンチ化石と対峙しているときだけではない。とても不思議な形をした生痕化石を研究する際にも、間違いなく現生生物に関する知識をフル動員させる必要がある。……場合によっては、生物学だけでなく他分野の知見も必要になる。以下は、ウンチ化石以外の生痕化石についての話になってしまうが、最終的にはウンチ化石にも適用できる考え方であるので、お付き合い願いたい。

さて、一般に生痕化石の形は、非常に多様である。たとえば、「ティラノサウルスのものと推定される「ウンチ化石」は、とてもシンプルな形をしている。一方で、とても複雑な形をしていたり、不思議な形をした生痕化石も存在する。たとえば、深海底で形成された地層に、渦巻き状やメッシュ状といった幾何学模様のような形をした生痕化石が見られることがある（103ページ図18・19）。また、ある種の地層の中には、まるで木の枝のように複雑な枝分かれを示す生痕化石がビッシリと詰まっていることもある（104ページ図20）。
これらの生痕化石は、どのような生物のどのような行動を反映しているのであろうか？　生痕化石を眺めているだけでは、サッパリ答えが浮かんでこない。やはり、今生きている生物の行動を知る必要があるのだ。

現在の深海底にも、渦巻き状やメッシュ状の生痕化石にそっくりな構造が見られることがある。深海に生息している無脊椎動物による構造であるのは間違いなさそうだが、どのような生態学的な意味があるのであろうか？　これまでに、いくつかの学説が提唱されている。たとえば、複雑な巣穴を掘ることによって、海底下で餌となる微生物を培養しているのでは、という学説がある。あるいは、餌となる生物をメッシュ状の構造付近におびき寄せて捕獲するための罠のような役割を果たしている、という学説もあるようだ。このあたりは、今もまさに研究されており、さまざまな検証研究が行われている。ただ、このよ

図18 渦巻き状の不思議な形をした、海棲無脊椎動物の生痕化石（スペイン）。

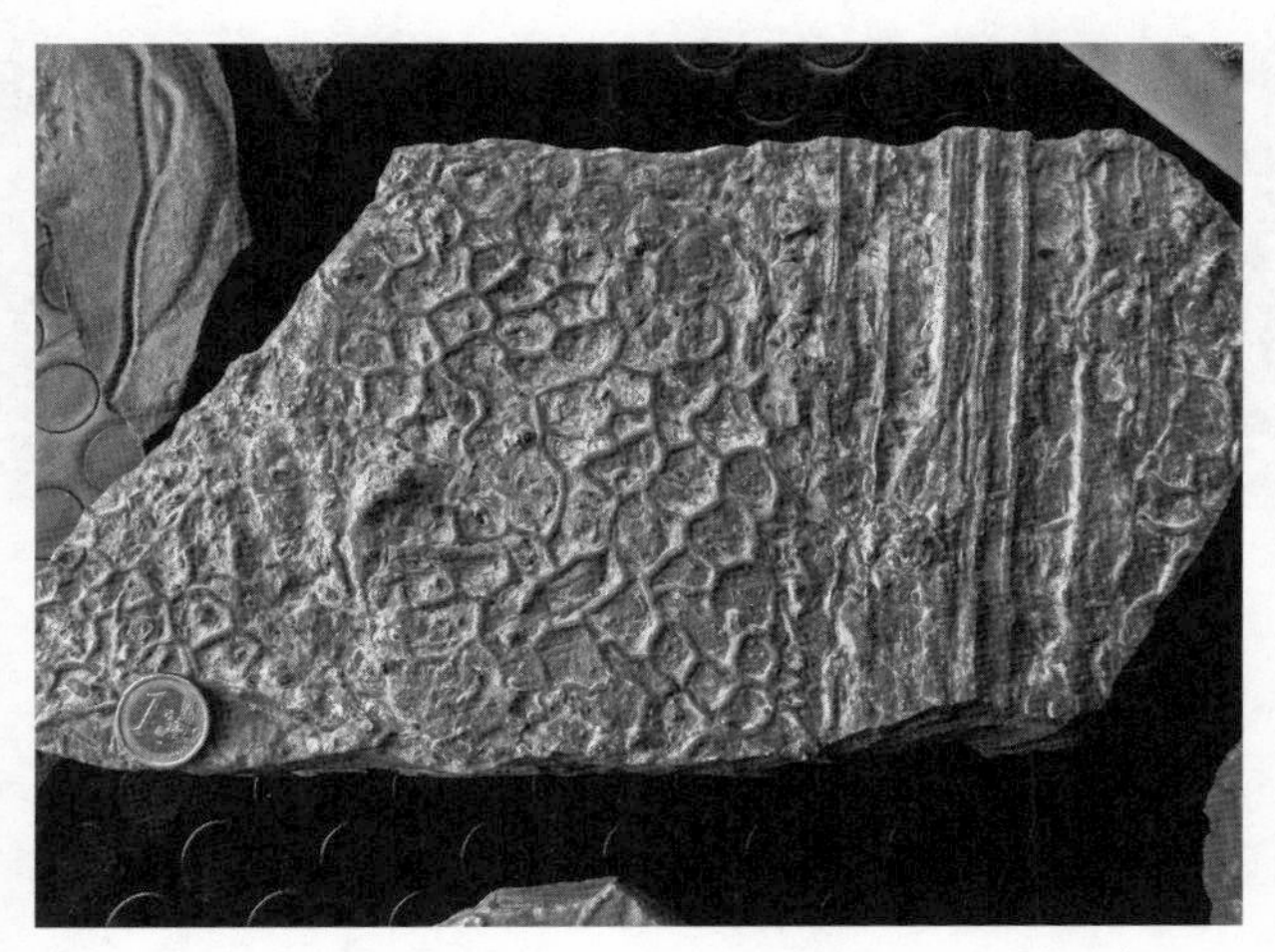

図19 やはり海棲無脊椎動物の、メッシュ状の形をした生痕化石（スペイン）。

図20 樹状に複雑に枝分かれした生痕化石が見られる地層（ドイツ）。

うな幾何学模様のような形をした構造の大半は深海底にあり、観測が難しいことから、真相の解明にはまだ時間がかかりそうだ。

また、樹状の枝分かれのような生痕化石についても、海底堆積物の掘削調査などによって、類似の枝分かれ構造が発見されている。これについては、蠕虫状の無脊椎動物の巣穴だと考えられているのだが、なぜこのような複雑な枝分かれをした巣穴を形成するのかについては、まだよくわかっていない部分も多い。ちなみに、このような樹状の枝分かれをした巣穴化石をよく観察してみると、巣穴の中に米粒のような形をした糞粒がびっしりと詰まっていることがある（106ページ図21）。このような場合には、この生痕化石は、巣穴の中にウンチが詰まった化石だといえる。巣穴化石でもあり、かつウンチ化石でもあるという二つの性質をもつ生痕化石なので、ややわかりにくいかもしれない。生痕化石も地味ではあるが、そこまで単純というわけでもなさそうだ。そして、既に述べた通り、私はウンチ化石の中でも特に海棲無脊椎動物のウンチ化石を専門としている。実はここで紹介した「樹状の巣穴の中のウンチ化石」も、主要な研究対象の一つである「フィマトデルマ」という種類の生痕化石なのである。

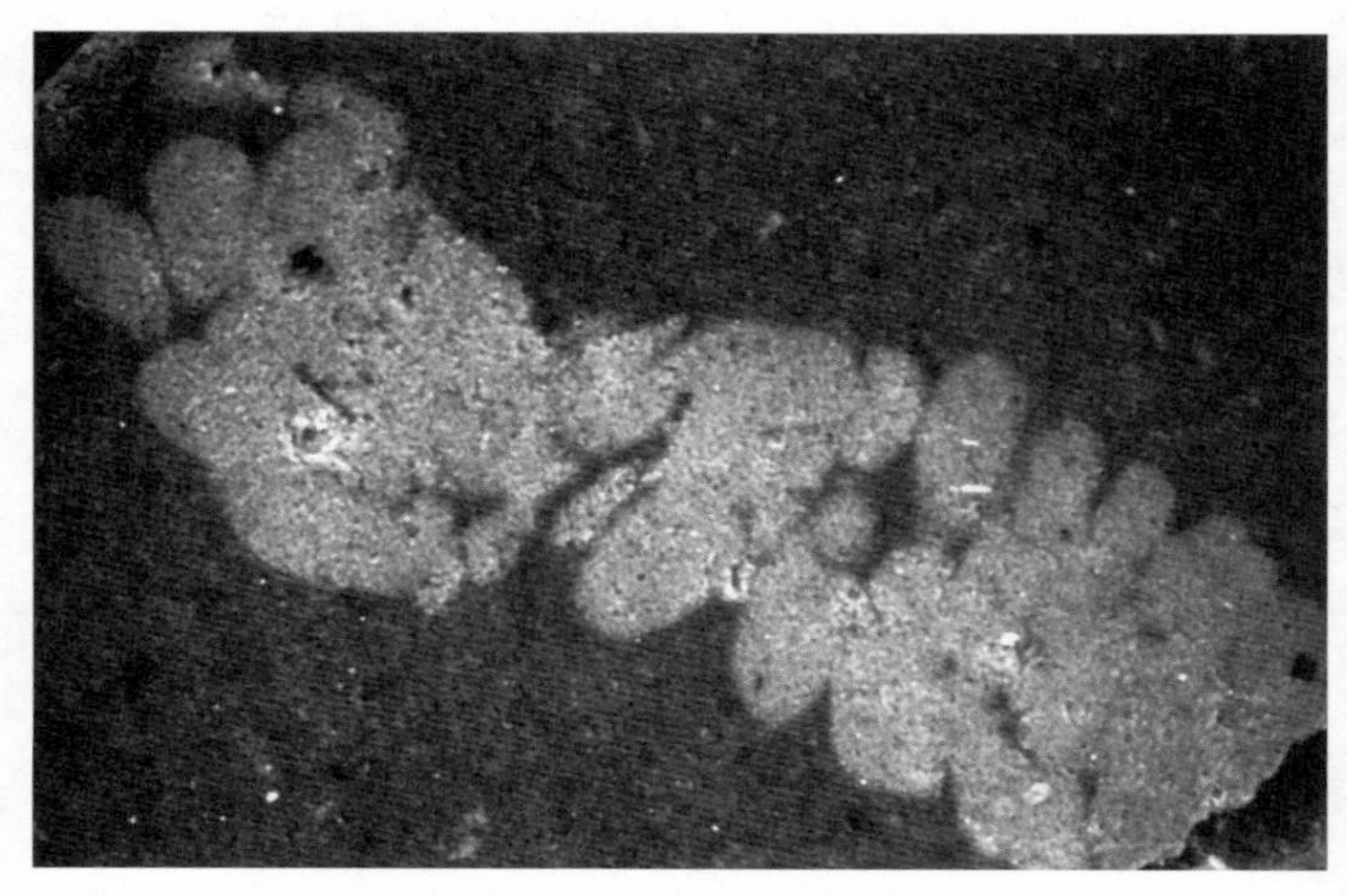

図21 図20で紹介した樹状に枝分かれした巣穴化石には、米粒のような糞粒がびっしりと詰まっている。

複雑な形をした生痕化石を研究するときなど、生物学分野だけではなく、他分野との連携が重要になってくる。特に、103ページ図18・19で紹介したような極めて複雑で不思議な形をしている生痕化石を研究するには、形態学のアプローチが有効になってくる。「形態学」というのは、あまり聞いたことがないかもしれない。元々は生物学の一分野という位置づけであったそうだが、最近ではより広い意味で、さまざまな分野でその手法が用いられている。すなわち、〝広く形について扱う学問分野〟というニュアンスでイメージしていただくのがよいであろう。形態学の分野では、研究の対象物の形態や構造から有用な情報を抽出するのだが、その際に抽出する情報を数量的に表現できるようにさまざまな解析（たとえば画像解析）を行うことになる。その上で、得られたデータがどのような意味をもつのかということを考察するために、数理モデルの構築やコンピュータシミュレーションによる解析など、さまざまな取り組みが行われる。

このような形態学的な手法を、早速、複雑な形を持つ生痕化石に適用してみよう。……と思ったら、このようなアイデアはとっくの昔に、多くの人によって考えられていたようである。数理生物モデルに基づくコンピュータシミュレーションによって、複雑な形をもつ生痕化石を再現するような研究が既に行われている。驚くことに、103ページ図18・19や

104ページ図20で紹介したような生痕化石も、比較的シンプルな行動ルールで再現可能であるらしい。一見複雑な形に見えても、それをつかさどる生物の行動のルールは、意外とシンプルなのである。とはいえ、シンプルな行動ルールに基づいていたとしても、結果としてできる生痕化石の形の〝複雑さ〟そのものを、きっちりと評価していく必要がある。

生痕化石のフラクタル次元

たとえば、枝分かれ構造をもつ生痕化石（104ページ図20）が、ある地層の一面に、ネットワークのように複雑に張り巡らされているという状況を考える。直感的には、海底における無脊椎動物の複雑な行動を反映しているということができるが、「どれぐらい複雑なのか」というのを数値で表現するのが、形態学なのである。一般に、形態学の分野で複雑さを定量評価する際には、フラクタル次元数という指標が用いられる。詳細な定義は割愛し、ザックリとしたイメージをここでは述べる。直線を隙間なく配置していくことで、ある面を作るという場合を考える。その際、直線は一次元の構造であるが、直線が敷き詰められてできた面は二次元の構造になる。それでは、リアス式海岸のような非常に複雑な線の場合は、どうなるのであろうか？　このような場合、リアス式海岸における海岸線は、シンプルな直線よりは複雑であるが、だからといってどんなに複雑な海岸線であろうと、それは面ではない。したがって、この海岸線の次元数は、一次元と二次元の間の値（小数値）になる。このように、複雑な構造ほど大きいフラクタル次元数をもつということになる。

形態学の手法を用いることで、生痕化石の形態からフラクタル次元数といった数量的なデータを抽出することができる。そうすると、たとえば地層に記録された環境データ（＝数量的なデータ）と、生痕化石の形態学的なデータを比較すれば、極めて定量的な議論が可能になる。「海洋中の○○の環境が□□ほど変動したときに、底生生物の行動は△△ほど変化した」といった具合である。最近では、テクノロジーの進歩により、分析技術や解析技術がどんどん進歩している。ここ数年は、生痕化石の三次元的な形態を解析するような研究も増えてきている。生痕化石研究と形態学研究が連携することで、学問が発展しているということを、まさに体感できるのだ！　つまり、ウンチ化石の超ハイテク研究、というのも、夢物語ではないのである。

これまで述べてきたように、ウンチ化石の研究者は、ウンチ化石だけを見ている、というわけではないのである。よほどウンチ（もしくはウンチ化石）そのものが好きであればともかく、少なくとも私は、ウンチ化石のマニアでもなければ、コレクターでもない。現に、自宅にはいただきものの化石（アンモナイト）がいくつかあるだけである。ウンチ化石を見て、知的好奇心がくすぐられるものの、それ以外の感情については特に動かされない。何がいいたいのかというと、要するに私は、ウンチ化石を通して過去の生態系や地球環境の解明を目指しているのだ。

ウンチ化石の化学分析

ウンチ化石に限らず、生痕化石の研究では、他の学問分野との連携が重要であることを形態学の事例を基に概説した。次は、別の角度からウンチ化石を研究する方法を見ていくこととする。何事も、多角的に検討していくことが大事なのだ。

〝主〟とセットで地層中に保存されているウンチ化石は現実的にはない以上、ウンチ化石そのものから得られる情報が重要になるため、可能な限り多くの情報をウンチ化石から得る必要がある。そのための重要なもう一つの手法が、化学分析である。ウンチ化石を削り出して粉末試料を作成し、化学成分を調べるのだ。第三章でティラノサウルスや首長竜のウンチ化石の事例でも見てきたように、ウンチ化石の薄片を作成して、顕微鏡で観察することによって得られる情報は多い。しかし、たとえ顕微鏡であっても、直接見ることのできないものもある。当たり前のようだが、顕微鏡で見ることのできないほど小さい物質は観察することができないし、化学物質の検出も顕微鏡では一般的に不可能だ。

そこで、ここではウンチ化石の化学分析からどのような情報が得られるのか、いくつかの事例を通して見ていくこととする。ただし、繰り返しになるが、ウンチ化石とその主がセットで地層中に保存されていることが現実的にはない以上、いくらウンチ化石の精密な化学分析をやっても、その主が直接わかるというわけではない。むしろ、化学分析をすることで、主の詳細な生態に迫ることができるのだ。

ここでも登場するのは、第二章でも登場した、ユムシのものと推定されるウンチ化石（フィマトデルマ）である（49ページ図5）。前述の際には、「なぜユムシのウンチ化石と考えられるのか」ということについては触れていなかった。実は、フィマトデルマの〝主〟の推定に一役買っているのが、化学分析から得られるデータなのである。

ここで、フィマトデルマの形成プロセスの模式図を示す（114〜115ページ図22）。主であるユムシは普段は堆積物中に形成した巣穴内に生息しているが、餌を食べる際には口吻（こうふん）を海底面にまで伸ばして、海底面の堆積物ごと体内に取り込み、その中の珪藻や円石藻といった植物プランクトンを実際の餌としている。……あたかも、実際にウンチ化石の形成現場を見たかのような表現であるが、もちろんそんなことはない。ウンチ化石の化学分析から得られたデータを、他のデータと統合して考えることによってこのような仮説を導き出しているのだ。

仮説導出の第一歩は、地層中に保存されているウンチ化石が、地層中のどの層準（＝地層断面における位置）に由来するのかを特定することである。フィマトデルマの場合は、巣穴の形態と、ウンチの形態から、海底堆積物の内部に作った巣穴の中に生息していた無脊椎動物のウンチ化石であることはまず間違いない。なので、〝主〟が「どこの堆積物を摂食していたのか」を特定すればよい。具体的には、巣穴周辺の堆積物を摂食していたのか、あるいは巣穴の上から堆積物を摂食していたのか、はたまた、巣穴の下から堆積物を摂食していたのか、この三択を解けばよいのだ。そのための手段こそ、ウンチ化石（＝フィマトデルマ）の化学分析なのだ。

化学分析といっても、分析対象の物質はさまざまである。分析対象がどのような元素なのか、あるいはどのような化合物なのかによって、分析手法は異なってくる。フィマトデルマの場合は、炭素という元素の同位体比を分析することで前述の三択を解くことができる。炭素については、数ある元素の中でも有名なので聞いたことがある方は多いであろう。同位体とは、原子番号は同一であるが中性子の数が異なるもののことをいう。そして同位体比とは、さまざまな物質における同位体の存在割合のことをいう。専門的になってしまったが、原子番号が同一であるため、化学的性質は変わらない。しかし、中性子の数が変わると、質量数（≒重さ）が変わってくる。化学反応が進行する際には、化学的な性質は変わらないので化学反応式には違いは現れないが、重さの違いによってどの同位体がより多く反応に使われるか（あるいは使われないのか）、ということは変わるようだ。

実は、地層中では、層準によって炭素同位体比の値が異なっていることが多いので、この性質に注目してやればよいのだ。すなわち、ウンチ化石（＝フィマトデルマ）の持つ炭素同位体比の値と、フィマトデルマ周辺の地層、フィマトデルマよりも上位に位置する地層、フィマトデルマよりも下位に位置する地層のもつ炭素同位体比の値を比較するということだ。そして、大学院生のころにフィマトデルマや地層の炭素同位体比をひたすら測定した結果、フィマトデルマのもつ炭素同位体比の値は、上位に位置する層準の地層の持つ炭素同位体比の値とほぼ等しいということがわかった。ちなみに、フィマトデルマの炭素同位体比を測定するのは、とても気を遣う作業である。炭素は環境中の至るところに存在

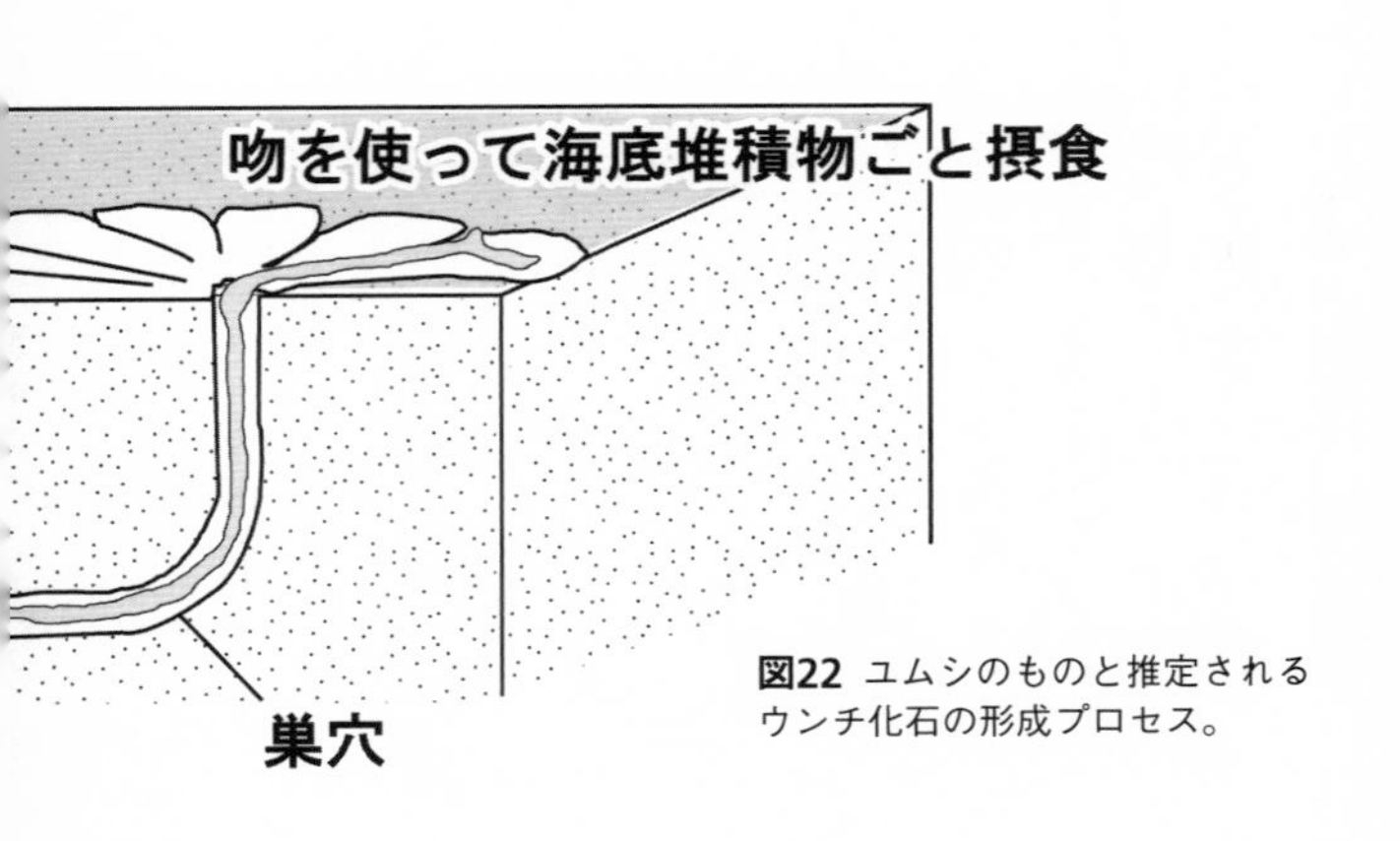

図22 ユムシのものと推定されるウンチ化石の形成プロセス。

しているので、外部からの炭素の混入に最大限注意を払う必要がある。実験器具は念入りに洗浄する必要があるし、ウンチ化石のサンプルを直接手で持つこともできない。なぜなら、人の手の表面にもたくさん炭素が付着しているからだ。ゴム手袋などを着用し、実験作業の合間合間にエタノールでゴム手袋ごと洗浄する必要があるのだ。ともあれ、このように細心の注意を払って苦労して得たデータというのは、特別である。炭素同位体比の分析結果から、フィマトデルマの主は、巣穴の上位に位置する海底面から堆積物を摂食していたことが示唆された。

このように、ウンチ化石の化学分析は、時に非常に有力な研究ツールになるのだ。化学分析から得られたデータに加えて、形態データなどの他の

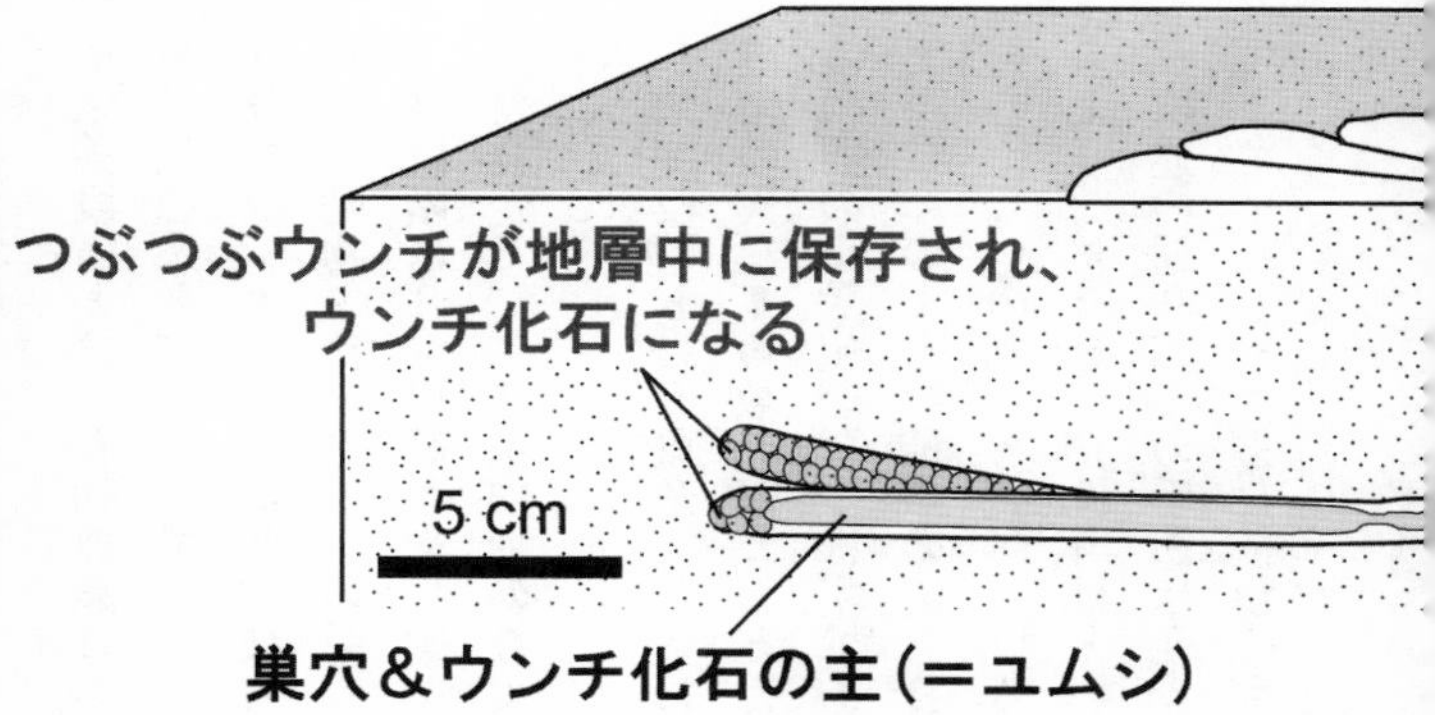

つぶつぶウンチが地層中に保存され、ウンチ化石になる

5 cm

巣穴＆ウンチ化石の主（＝ユムシ）

データを併せて考えることで、114～115ページ図22のようなフィマトデルマの形成モデルが導かれる。

より精密な化石の化学分析

ウンチ化石の化学分析は、やはり重要な研究ツールである。ここでは、ウンチ化石の化学分析のさらなる可能性について考えていきたい。ここでも、先ほどと同様、同位体比が登場する。

生態学の分野では、従来より生体試料（筋肉組織など）の窒素の同位体比を測定することによって、その生物の栄養段階を推定する手法が用いられている。さらに最近ではこの手法が改良されて、生体試料全体の窒素同位体比ではなく、生体試料中に含まれるアミノ酸の窒素同位体比を測定して、その生物の栄養段階を推定する手法が開発された。

栄養段階とは、食物連鎖における各生物の位置を段階的に示したものである。たとえば、海洋生態系を例にとってみると、生態系の根底となる一次生産者は珪藻や円石藻といった植物プランクトンであり、彼らの栄養段階を1と定義する。そして、植物プランクトンを食べる動物プランクトンの栄養段階は2、動物プランクトンを食べる甲殻類や魚類などの栄養段階は3、甲殻類や魚類を食べる大型の魚類や海棲哺乳類の栄養段階は4、……といった具合で、生態系内での被食─捕食関係を反映して、栄養段階は段階的に1ずつ増えていくのだ。

栄養段階という概念がさらに重要なのは、小数値もあり得る、ということである。栄養段階の異なる複数の餌（たとえば栄養段階1と2の餌）を食べる生物の栄養段階は、2と3の間の小数値となるはずである。しかも、その生物の消化管を解剖したりするなどして、実際にどのような種類の餌を食べているかがわかれば、栄養段階のデータから、どの餌をどのくらいの割合で食べているか、ということを定量的に推定することが可能になる（このような解析を、食性解析という）。

前述の通り、この手法は元々は生態学の分野で開発されたものである。生態学は、現在生きているさまざまな種類の生物を研究対象としている。今生きている生物であればリアルタイムに観測できる行動もあるが、たとえば海洋生態系の生物（特に深海生物）などでは、観測そのものが難しい。どのような餌をどのくらい食べているのか、ということを知ることは、生態学では（もちろん古生物学でも）重要な研究課題である。なので、最近改良された新手法（＝生体試料中のアミノ酸の窒素同位体比の分析）によって、この研究課題にアプローチできるというのは、とても魅力的なことなのである。ただし実際には、アミノ酸といってもたくさんの種類があり、この手法では特定の種類のアミノ酸のみを抽出して窒素同位体比を測定する必要があるため、前節で紹介した炭素同位体比の測定に比べてはるかに手間がかかる。

さて、ではこの手法を実際に化石試料に適用することはできるのであろうか？　化石試料の場合は、化石化する際に筋肉などの軟組織は分解されてしまうため、通常の生体試料に比べてアミノ酸の量は激減する。それでも、骨や歯、貝殻といった化石に残りやすい硬組織から抽出したアミノ酸の窒素同位体比の値は、軟組織を構成するアミノ酸の窒素同位体比と同じ値をもつことがわかっているので、この手法を化石試料に適用することは原理的には可能である。実際に、縄文人の骨化石中からコラーゲンを抽出して、そのコラーゲンを構成するアミノ酸の窒素同位体比を測定して、縄文人の食性解析を行った研究事例が存在する。古い時代の化石になるほど困難度は増してくるが、原理的には恐竜の骨化石にこの手法を適用して恐竜の食性解析を行うこともできるかもしれない。

それでは、この手法を、ウンチ化石に適用することはできるのだろうか？　正直なところ、私にもわからない。アミノ酸の窒素同位体比分析に基づく食性解析の手法が確立されたのは二〇一〇年前後のことである上に、この手法が化石試料に適用されている事例はとても少ないのだ。このような段階なので、この手法を〝主〟が定かではないようなウンチ化石に適用するという試みは（私の知る限り）ない。ただし、アミノ酸を抽出しない従来の手法であれば、ウンチ化石に適用できる可能性があるのではないかと考えている。筋肉などの軟組織のもつ窒素同位体比と、骨・貝殻といった硬組織のもつ窒素同位体比が同じ値をもつのだとすると、ウンチのもつ窒素同位体比もこれらと同じ値をもつ可能性が高い。とすると、ウンチ化石の窒素同位体比を測定して、食物連鎖の起点となる一次生産者（海洋生態系の場合には植物プランクトン）のもつ窒素同位体比の値（＝地層中に保存された植物プランクトン由来の有機物の窒素同位体比を測定すればよい）と比較することで、ウンチ化石の〝主〟の食性解析が可能になるかもしれない。

第二章で、ウンチ化石の中身を観察すれば〝主〟の食事メニューがわかる、ということを紹介してきたが、正確には、あくまで「食事メニューの一部」なのである。これについては直感的にイメージしやすいが、食べたもののすべてがウンチの中に残っているわけではない（もしそうだとすると、食べたものを全く消化・吸収できていないことになる）。当然、実際には食べているけれども、消化・吸収されてしまってウンチの中には食べカスさえも残らない、というものもあるだろう。

ウンチ化石の研究は、ウンチ化石をよくよく観察するだけではなく、時にはウンチ化石を粉末にして化学分析をすることも必要なのである。

ウンチ化石研究の今後

ウンチ化石を多角的に研究していくことはとても重要である。そこでここでは、ウンチ化石研究の今後について、私なりに思うところを少しご紹介したい。

個人的には、やはり生物学との連携が最重要だと考えている。本章の前半で述べたことと重複するが、やはり「ウンチの主がわからない」という問題に正面からぶつかっていくしかないだろう。タイムマシンがない以上、原理的には「わからないものはわからない」のであるが、少しでも可能性の高い仮説を導くために、さまざまな生物のウンチを研究して「最も可能性の高い公式」を作っていく他ないのだ。本章前半では、千葉市動物公園での取り組みを例に紹介したが、なにもこの公式の対象は脊椎動物だけに限られる必要はない。したがって今後は、さまざまな無脊椎動物のウンチの形態やサイズに関するデータを集めていく必要がある。

さらに、同一の種類の生物のウンチの多様性を調査することも重要であろう。ヒトでたとえるのは生々しいのであまりしたくはないのだが、同一人物であっても食事内容や体調によっていろいろなウンチをするのは明らかであろう。体調の良し悪しでウンチの形や状態（硬さなど）が変わる。他の動物ではどうなのであろうか？

思考実験をしてみよう。ある地層を調査していて五〇個のウンチ化石を発見したとする。それらのウンチ化石の形態やサイズを丹念に調査した結果、形態もサイズも、五〇個すべてバラバラであったとする。すると、直感的には複数の種類の動物が当時生息していて、形や大きさの異なるウンチをして、それらの一部が化石として保存されたのだろうな、と考えるのが普通であろう。しかし、研究者の間では、しばしば「常識を疑え！」といわれる。常識を疑い、普通に見えることの中にちょっとした疑問をもって、それを突き詰めていくと大発見につながる、という可能性もあるのだ。というわけで、この思考実験の場合も、もしかしたら、発見された五〇個のウンチ化石は実はすべて同一の個体のウンチであり、その個体の生理状態（体調）によってウンチ化石の形態とサイズに多様性が生まれた、というのが真相であるかもしれない。……ただし、この例では、やはり前者の直感的な仮説のほうがもっともらしい気がするが。

もちろん、ここで述べたのはあくまで一つの思考実験であるが、この思考実験を検証するためには、今生きている動物の飼育実験を行い、同一個体のウンチがどの程度多様性があるのか、ということを厳密に調査する必要があるのだ。……と、ここまで書いてきて、自分でも「なんと地味でマニアックな調査なんだ……」と思うのだが、これをコツコツとやり遂げたとき、誰も見たことのない世界が開けてくるのかもしれない。

〝研究する〟とはどういうことか

改めて強調しておきたいことがある。私の偏見かもしれないが、ウンチ化石に限らず、化石の研究者というと、化石ハンターや化石コレクター的な目で見られる傾向があると感じている。化石の研究をしているので、もちろんそのための第一歩として化石を探したり（＝化石ハンター）、化石を収集したり（＝化石コレクター）するのは当然のことである。

ただ、化石を探したり収集したりすることそのものが目的ではないのだ。重要なことなので別のいい方で繰り返すが、化石を〝研究する〟ということは、化石を〝探したり〟〝収集したり〟することとイコールではない。

もちろん、化石を探して収集することは、研究という一連の工程の中の重要なプロセスであることに間違いはない。ただ、職務として研究を行う研究職のようなアカデミックな世界（＝いい換えると、研究で飯を食っているプロフェッショナル集団）においては、〝研究する〟ということは、これまでにはない新しい知見を得て、それを他の研究者や社会に提供することなのである。二番煎じの研究は、研究者の世界においては、研究ではない、と見なされてしまうのである。たとえば、ある人物Aさんが職場の近くの地層を、何年もかけて丹念に調査して、化石Bを発見したとしよう。その化石Bは、Aさんにとっては地層調査を始めて以降、初めて発見したものだ。「きっと重要な発見に違いない！」と考え、化石Bの産出を報告する論文を執筆し、ある学術誌に投稿した。しかしながら、既に二〇年以上前に、別の人物によって同じ地層から化石Bが産出することを報告する論文があった場合、Aさんの書いた論文には新規性がなく、受理されて発表されることはないだろう。たとえAさんが、「二〇年以上前の論文を知らなかった」「自分は何年もかけて必死に地層を研究したんだ」といい張ったとしても、研究者の世界においては既知の知見とされてしまうのだ。

これには、Aさんは少しかわいそうなのでは……と感じる方も多いであろう。現に私もそう思うのだが、しかしこれが研究者の世界における〝研究〟ということなのだ。ただ、このような研究の性質は、見方を変えればよいこともある。Aさんの例で見てきたように、知見の新規性が研究の重要な側面である。したがって、研究者に最も重要な要素はオリジナリティーなのである。そして、このことは、「すべてが」オリジナルであることを要求しているわけではない。研究の一部に、他の先行研究と異なる新規性があればよいのだ。化石研究を例にすると、先行研究で調査されていない地層を新たに調査した、既に報告されている化石を新しい分析手法で研究した、新しいアイデアで報告済みのたくさんの化石データをまとめなおした……などなど、いろいろな新規性があり得るのだ。

それでは、ウンチ化石ハカセ（とりわけ地味なほう）である私の研究上のオリジナリティーとは、一体何なのか？　第三章でも述べたが、私は化石研究者としての〝アウトドア力〟は低い。したがって、これまでの研究者が立ち入ることもできなかった新しい地層を自分で開拓して、新しいウンチ化石を発見する……ということはできそうにない。また、新しい実験機器を自分で開発できるほどの能力も資金も時間もない。そういうわけで、消極的な感じに聞こえるかもしれないが、自身のオリジナリティーは〝研究テーマを考えるときのアイデア・着想力〟にあると考えている。具体的にいえば、既に別の研究者によって報告されていたウンチ化石に対して、別の分野では主流であるが生痕化石研究者が通常は行わないような分析を行う、といった具合である。

ここまで見てきたことを一度まとめると、あくまで私見だが、研究とは創作料理のようなものだと考えている（わかりやすいたとえになっていないかもしれないが……）。創作料理には、まさにシェフの腕とアイデアが凝縮されて、これまでにない新しい料理を生み出すという側面がある。既存のレシピに新しい食材を加えること、既存の食材に対して新しい調理法を試してみること、はたまたこれまで誰も注目しなかった食材を主役にした料理を生み出すこと……などなど、さまざまなオリジナリティーの出し方があるように、研究におけるオリジナリティーも多様なのだ。数年前のあるアンケートで、男子児童（児童＝小学生）の将来なりたい職業ランキングの第二位に研究職がランクインして少し話題になった。しかし、まだまだ世間一般的には、研究者というと「よくそんなにずっと勉強できるね」とか「理屈っぽそう」とか「地味」といったイメージで見られがちだが（私の偏見が大）、実は研究者も料理人さながら、とてもクリエイティブな職業なのだ。

クリエイティブな側面もある一方で、職業としての研究者（＝研究職）に就くためには、成果を挙げなければならないという側面もある。プロスポーツ選手にとって、新規契約や契約更新に当たって、それまでの結果や成績が大事なのと同じ理屈である。そして、研究者にとっての成果とは、ズバリ学術的な論文である。今一度、先のAさんの例で考えてみよう。ここでは、Aさんが発見した化石Bが、先人たちによって発見されておらず、文字通り新発見である場合を考える。Aさんとしては、自分自身が新発見に携わったということで、とても喜ばしいことである。しかし、このままだと、あくまでAさんだけが化石Bの新発見の事実を知っている、という個人的なレベルにとどまっている。これでは、古生物学の研究者の間で広く「Aさんによって化石Bが初めて発見された」という事実が認知されていない。それでは、どのようにすれば晴れて多くの人にこの事実を周知できるのであろうか？　SNSにアップすればよいのでは？　と思われるかもしれない。それはそうなのだが、それでは、やはり個人のコメントという域を出ないのだ。

研究者の世界では、あくまで新たな研究成果は学術論文として発表して初めて業界全体に認知されるようになるのだ。ただ、学術論文が発表されるまでのプロセスが、実は簡単ではない。まずは、ある専門分野（たとえば、ウンチ化石であれば古生物学）に特化した学術雑誌に、論文の原稿を投稿する。その後、その論文の内容やデータの妥当性や新規性について、同業者（＝古生物学の研究者）が丹念に査読を行う。査読の結果、場合によっては、新規性や妥当性に乏しい、この学術雑誌が求めるクオリティーに達していないなどの理由で、論文が却下（＝リジェクト、という）されることもある。リジェクトされないまでも、多くの査読者コメントが付いて、それらすべてのコメントに則って原稿の修正（＝リバイズ）を要求されることが多い。念入りにリバイズを行い、修正原稿を再度投稿して、ようやく論文が受理（＝アクセプト）されるのだ。ここまでの一連のプロセスには、ケースバイケースだが、数カ月〜長ければ一年近くかかってしまうことも多い。

このようなプロセスを経て、晴れてアクセプトされた学術論文の新規性が高かったり、あるいは世間一般から高い興味をもたれるような成果である場合には、報道機関に情報がリリースされる場合がある。その結果、各種メディアによって研究成果が報道されて、専門家以外の人たちもその研究成果を知ることになる。ある研究成果が発表された、というケースもニュースを目にしたときは、実はその研究自体は数年前に行われていた、というケースも珍しくない。

ウンとチのつくコラム

ウンチ化石研究者の日常 その一

第四章の最後で、〝研究する〟とはどういうことなのかを紹介した。Aさんの例で見てきたように、自身の研究に関連する先行研究をくまなくフォローしておかないと、とても残念なことになってしまうリスクがある。そのため、私（に限らず多くの化石研究者）は、地質調査に出ていないときには、関連する論文をひたすら読みまくっていることが多い（130ページ図23）。先行研究のレビューと呼ばれるプロセスである。

私は〝アウトドア力〟は高くないのだが、それが高い研究者であっても、研究のレビューのような〝インドアの仕事〟もしっかりやらなくてはならないのだ。ウンチ化石研究者の日常は、実は皆さんが思っているよりもインドアなのかもしれない。

研究者人生紆余曲折 その三

第四章では、生痕化石の研究者にとって、生痕化石だけをひたすら見ていればよいのではなく、他の学問分野との連携が非常に重要であることを述べた。中でも、ここで紹介した通り、やはり生物学的な知見は欠かせない。私はもちろん生物学者ではないし、出身も地球惑星科学系の学部・大学院である。なので、生痕化石の研究に必要になる最低限の生物学的知見は独学で学ぶしかない。

まだまだ生物学は不勉強なのだが、大学院生のころは、可能な限り生身の生きものも見なければ、と思い、地質調査以外にも海洋生物のフィールドワークも何度か実施した（130ページ図24）。また、生痕化石だけを見ていても、それが形成されるプロセスがわからないということで、海棲無脊椎動物の行動を実際に観察しようと思い、フィールドワークで採取してきたゴカイを水槽に入れて飼育していたこともある（130ページ図25）。

これらのフィールドワークで得たデータは、直接的には論文として公表できていないものの、自身の生物学的知見を深めたり、あるいは新しい研究アイデアの着想を得るヒントになったりしている。

化石の化学分析の実際

第四章では、ウンチ化石の化学分析について述べた。本文でも触れているが、化学分析の際には、化石試料を粉末にして、必要な薬品処理を行った後に、分析に供する場合が多い。ただし、この過程で大きな問題が起こることがある。とても貴重な化石標本の場合には、化石から粉末試料を削り出すことの許可がもらえないことがあるのだ。化石の標本は、個人が所有している場合もあるが、ほとんどが大学や博物館など研究機関に収蔵されているため、このような研究機関が化石の所有権をもっていることが多い。

たとえば、標本の数が少ない貴重な恐竜の化石などは、どこの部分の骨化石であろうが、わずかな量（一グラム以下）の粉末試料であろうが、許可が下りないこともあるだろう。しかし、既にお気づきの方もいるかもしれないが、ウンチ化石の場合には（基本的には）このような心配とは縁がない。紹介した通り、生痕化石は一般的に地味でマニアックと見なされていることが、こういった研究の現場で役に立つ場合もあるのだ。

図23 ある日の筆者のデスク。先行論文を読み、研究アイデアを捻出する。

図24 沖縄で海洋生物を調査中の筆者。

図25 海洋生物調査で採取したゴカイを研究室で飼育し、海棲無脊椎動物の行動を観察したこともある。

第五章　生痕化石が地球の未来を語る?

これまでは、生痕化石から何千万年前、何億年前という太古の昔に思いを馳せてきた。中でも、私の専門であるウンチ化石にフォーカスを当てて、過去の生態系の様子などについて紹介してきた。第五章では視点を変えて、生痕化石から遥か未来を見てみることにする。たとえば超大陸の形成と分裂、大気中の二酸化炭素濃度……。歴史は繰り返すというが、「過去」「現在」「未来」の連続性を教えてくれるのが生痕化石なのである。

二〇一八年夏、室戸半島にて

二〇一八年の夏も終わり、秋も深くなりつつある九月末、高知県・室戸市に行ってきた。鰹のたたきやキンメ丼を満喫しつつ、もちろん本当の目的は生痕化石を探すためである。台風24号（二〇一八年のこの台風は大規模であった……）が迫りくる中、何とか調査を行ってきたのだが、室戸の地層には数多くの生痕化石があるのだ。調査地には、約五〇〇〇万年前～四〇〇〇万年前に深海底で形成された地層が分布しており、含まれる生痕化石を調べることで、当時の深海生態系の様子を復元することができる。室戸での本格的な調査はまだ始めたばかりなのだが、二〇一八年の調査では、プラノリテスという種類の生痕化石（蠕虫状の生物の巣穴の化石）に焦点を当て、産出パターンやサイズなどを詳しく検討した。

さて、生痕化石を研究することで、古生物の生態や過去の環境がわかるということは、本書を通じてご紹介してきた。ただ、思い返せばこれまでは、過去の話ばかりしてきた。あるいは、生痕化石から過去を知るために、現在の生きものに関する話題も何度か取り上げてきた。第五章を始めるに当たり、ここで心機一転、生痕化石から見える地球の未来というものを、大胆に（しかし、あくまで個人的に）想像してみようと思う。

地球の未来を知るためには過去が大事

将来の地球環境を予測するためには、やはり過去の地球環境に関する知見が絶対的に重要である。近代社会における産業革新の結果、二酸化炭素などの温室効果ガスの濃度が上昇し、地球温暖化に代表されるさまざまな気候変動が深刻化してきている。実際、今世紀末にはさらに温暖化が進行し、海洋の貧酸素化（＝海水に溶存している酸素濃度が減少すること）や水関連災害の増加といったさまざまな気候変動が予測されている。このような近未来の予測のためには、堆積物コア試料や氷床コア試料を用いて、近過去（約二五八万年前〜現在の間の第四紀と呼ばれる地質時代）における気候変動の詳細を高精度に復元するような研究が重要である。あるいは、過去の大規模温暖化を記録している地層に注目し、温暖化前後での気候変動の実態を復元するという研究も有効だ。私が大学の卒業研究以降、一〇年以上も継続的に研究している山口県下関市のジュラ紀前期の地層は、まさに後者なのだ。

ジュラ紀前期と現在とでは、大陸配置や基本的な気候システムが大きく異なるため、下関市の地層のデータから簡単に近未来を推測できるわけではない。それでもなお、大規模温暖化によってどのような気候変動が起こり得るのか、一般的な知見を提供することは可能だ。下関市の地層からは主に、フィコシフォンという種類の斑点状の生痕化石（小型の蠕虫状の生物の摂食・排泄痕）が見られる（135ページ図26）。ここでは、地層中からのフィコシフォンの産出パターンが非常に示唆的である。目下研究中であるため数値データを伴った厳密な議論はできないのだが、温暖化の影響が最も顕著な地層からは、フィコシフォンの産出頻度が減少し、かつサイズも小型のものばかりになっている。一方で、温暖化前後の地層からは、フィコシフォンの産出頻度は温暖化期よりも増しており、かつ大型のものも見られる。

実は、ジュラ紀前期の温暖化によって、大規模な海洋貧酸素化（＝海の酸欠）が引き起

図26 山口県下関市のジュラ紀前期の地層に含まれるフィコシフォン（斑点状の部分、海棲無脊椎動物の小型のウンチ化石）。

図27 千葉県の地層に含まれるフィコシフォン（斑点状の部分）。

こされたことがわかっており、それが海洋生物に深刻な被害を及ぼしたのであろう。基本的には大型の生物ほど代謝の際に多量の酸素を必要とする。したがって、海洋中の酸素濃度が低い貧酸素化が進んだ環境下では大型の生物が生存することは難しい。そのため海洋生物全体の多様性が減少したり、あるいは相対的に小型の生物が増えたりする、ということが起こるのだ。現に他の産地のフィコシフォン（135ページ図27）と比べると、ここで見てきた下関市のジュラ紀前期の地層中に含まれるフィコシフォン（135ページ図26）は、ややサイズが小さいことがわかる。

現在の温暖化の進行に伴い、海洋の貧酸素化が拡大していくという予測研究もあるため、近い将来（数十〜一〇〇年後）には、さまざまな海域で海洋生物の多様性や個体サイズが減少してしまうかもしれない。

プラノリテスに注目しよう

科学的なデータに基づいて、想像力をさらにたくましくさせれば、もっと先の将来も見えてくるかもしれない。ここからは、個人的な意見も大いに交えて、大胆に数億年後の地球環境についてアレコレ考えてみたい。

どの生痕化石に着目する必要があるのか。数億年後の将来を予測するためには、少なくとも同じくらいの時間スケール、すなわち過去数億年間の地球環境の変動を知る必要がある。となると、数億年前の地層中にも普遍的に含まれている生痕化石に焦点を当てるのがよいだろう。そこで、プラノリテスの再登場だ。実は第一章で少し触れたのだが、このプラノリテスという生痕化石、なんと約五億四一〇〇万年前のカンブリア紀前期の地層にも見られるのだ。プラノリテスは、カンブリア紀以降現在に至るまで、五億年以上にわたって途切れることなく存在している、〝長寿〟の生痕化石である。

したがって、プラノリテスの長期トレンド（数億年スケールでの傾向）を明らかにすれば、今後数億年間の地球環境の様子がわかるかもしれない。非常に魅力的な研究トピックであり、私自身も興味をもって研究を進めているところだが、残念ながら学術論文としてデータを公表できていないので、現時点ではすべてを詳細にご紹介するわけにはいかない。

プラノリテスに関する大量の先行研究のデータを洗い出してみたところ、そのサイズ変化のパターンにおもしろい傾向が見られることがわかった。ペルム紀末から三畳紀初頭にかけての時代（約二億五二〇〇万年前）の地層中に含まれるプラノリテスは、それ以外の時代の地層中のプラノリテスに比べて小型なのだ。もちろん、ペルム紀末から三畳紀初頭以外の時代のプラノリテスがすべて大型であったというわけではない。ある時代に形成された地層を複数箇所調査していくと、小型のプラノリテスは普遍的に見つかる一方、場所によっては大型のプラノリテスを含む地層も存在する。しかしながら、ペルム紀末から三畳紀初頭にかけての時代の地層から見つかるプラノリテスは、総じて小型なのだ。

ペルム紀と三畳紀の境界

これには、何か意味があるに違いない——。このような場合、まずは同時代に起きた環境変動に要因を求めることが多い。するとすぐに、とてつもない規模の環境変動が起きた時代であることに気づく。ペルム紀末には、地球史上最大の生物大量絶滅が起こったのだ。最近の研究では、ペルム紀末の大量絶滅は一度に起きた現象ではなく、二度の絶滅期があったとする見解が浸透しているが、いずれにしろ地球史上最大規模の絶滅現象であったことには間違いない。約四六億年間もの長い歴史をもつ地球史の中で最大規模というのだから、どれくらい深刻な現象であったかを想像することすら、困難である……。

先行研究によると、ペルム紀末の大量絶滅によって、地球上の生物種の九〇パーセント以上が絶滅してしまったらしい。地球史上最大のこの大量絶滅の要因をめぐっては、膨大な数の研究が行われており、海水準の低下や海洋の貧酸素化など、これまで多くの学説が提唱されている。中でも、海洋の貧酸素化については、海洋生物の大量絶滅の直接的かつ主要な要因と目されている。ジュラ紀前期でもそうなのだが、地球史上、数十万〜一〇〇万年ほど継続する大規模な海洋貧酸素化は何度も起こっている。しかし、ペルム紀末に起こった貧酸素化は別格の規模で、二〇〇〇万年も継続したと考えられている。さらに最近の研究によると、この大規模な貧酸素化に伴って、海水中の元素の状態が変化し、海洋中の生体必須元素が枯渇してしまった可能性も指摘されている。これだけの規模の環境変動なので、当時の海洋生物に甚大な被害を及ぼしたことは想像に難くなく、この時代の地層に見られるプラノリテスが他の時代のものと比べて小型であることは納得できる。

このような異次元の環境変動に加えて、ペルム紀末から三畳紀初頭という時代のもう一つの特徴が、超大陸の形成である。地球の表層は十数枚のプレートと呼ばれる岩盤によって覆われており、プレートどうしが相互に移動している。地球上の大陸もプレートの上に載っているため、大陸は移動する。プレートの移動速度は年間数センチ〜一〇センチという微々たるものであるが、長い時間スケールで見ると、大陸の位置は大きく移動することがわかる。

当時の大陸配置

現在は主要な大陸はバラバラに配置しているが、ペルム紀末には、地球上のすべての大陸が一箇所に集合し、パンゲアと呼ばれる巨大な大陸（＝超大陸）を形成していた。パンゲア超大陸は、ペルム紀末からジュラ紀前期ごろにかけて地球上に存在していたらしい。パンゲア超大陸の形成そのものは、大量絶滅に直接的な影響は少ないという見解もあるが、個人的な見解を述べると、間接的には影響を及ぼしているのではないか、と考えている。

このあたりから、だんだん個人的な意見の割合が増えてくる。もちろん、紙面の都合があるため参照研究を紹介できていないだけで、科学的なデータに裏付けられているところも多いので、ご心配なく。超大陸が形成されるということは、大陸衝突の頻度が減少するということである。専門的かつ詳細な説明は割愛せざるを得ないが、大陸衝突が活発なときには、新しい山脈が次々と形成され、雨や風などによって山脈の削剥や鉱物の溶脱（＝大陸風化作用という）が進む。大陸風化作用のうち、特に珪酸塩鉱物の溶脱反応の結果、大気中の二酸化炭素が消費されることがわかっている。大陸衝突の頻度が減少すると、このような大陸風化作用が衰えるため、二酸化炭素の消費量が減り、結果として大気中に二酸化炭素が蓄積する。

また、一度できた超大陸はそのままの状態であり続けるわけではなく、再び分裂を始める。大陸の分裂に伴い、短時間で大量の溶岩が噴出する巨大規模の火山活動が起こると想定されている（あるいは超大陸の分裂の引き金になるかもしれない）。このときに噴出した大量の溶岩は地質学では「洪水玄武岩」と呼ばれており、実際にペルム紀末から三畳紀初頭にかけて、これまた地球史上最大規模といわれている洪水玄武岩活動が起こった。地表に噴出した溶岩の中には二酸化炭素などの火山ガスも溶け込んでいるため、大規模な火山活動が起こると大気中の二酸化炭素濃度が増加する。

すなわち、超大陸パンゲアの形成に伴う大陸風化の減少による二酸化炭素の増加と、パンゲアの分裂に伴う史上最大規模の火山活動による二酸化炭素の増加という、スーパー級のイベント二連発がペルム紀末から三畳紀初頭にかけて起こったと考えられる。それによって、地球史上で唯一無二の規模の海洋貧酸素化が起こり、最大の生物大量絶滅につながった……。このように考えると、なるほど、確かにすべてが整合的な気がしてくる。

ウンチ化石研究者による大胆すぎる未来予想図

さて、真に重要なのはここからである。プラノリテスの話から始まって、話がどんどん大きくなってきたのだが、ここでようやく、数億年後の地球に目を向けてみる。ただ、どんなに科学的データを参照しようと、どんなに個人的想像力を膨らませようと、数億年後の地球の姿を直接見ることは不可能なので、これから述べる地球の将来像が正しいかどうかは、誰にもわからない、ということを改めて強調しておく。

最新の数値シミュレーション研究によると、今から約二億五〇〇〇万年後に、北半球に新しい超大陸（アメイジア）ができる可能性が指摘された。その場合、パンゲアのときと同様、アメイジアの形成時期には、大陸衝突の頻度の減少に伴う大陸風化の弱化により、大気中の二酸化炭素濃度が増加するであろう。さらに、プレートは常に移動しているので、アメイジアの形成後、一定時間が経過すれば必ずアメイジアの分裂が始まり、ペルム紀末と同じように、大規模な洪水玄武岩活動が起こるであろう。これらのダブルパンチが合わさったときには、もしかしたらペルム紀末から三畳紀初頭の時代と同規模の海洋貧酸素化が引き起こされるであろう。

さらに時が経ち、たとえば今から三億年後においても地球上に人類（あるいはその子孫）が存在していると仮定して（個人的にはその可能性は低いと思うが……）、五〇〇〇万年前（＝今から約二億五〇〇〇万年後）の地層を観察したら、どのようなことがわかるであろうか？　ひょっとすると、その時代の生痕化石のサイズは、他の時代と比べて小型のものばかりになっているであろう。

歴史は繰り返す、とはよくいったものだが、もしかしたらわれわれが考えている以上の時間スケール（数億年スケール）であっても、歴史は繰り返す……のかもしれない。

研究者人生紆余曲折　その四

第五章の冒頭では、室戸半島における地層ブラブラの様子を少しご紹介した。ありがたいことに、室戸での地層ブラブラの実績が認められて（?）、本書執筆中に、「室戸ユネスコ世界ジオパーク　パートナー研究者」に正式に認定された（148ページ図28）。

ジオパークとは、英語の意味を直訳すると、地質学（geology）＋公園（park）という意味であるが、単なる地質公園ではない。むしろジオパークの概念はより広く、自然、歴史、生活文化、食文化に触れ、自然と自分自身とのかかわりを知る場所である。国内にも多数のジオパークが存在するが、中でも室戸のジオパークは、世界ジオパークネットワークへの加盟が認定されている。室戸ユネスコ世界ジオパークは、大地が盛り上がり続ける場所で人々がどのように賢く暮らしてきたか、ということを全体テーマにしている。

室戸ユネスコ世界ジオパークの協議会が認める研究活動を行ってきた証拠として、この度「パートナー研究者」に認定していただけたことを、とても嬉しく思っている。今後の地層ブラブラの励みになることは間違いない。

本書のコラム「紆余曲折」シリーズでは、研究者人生のネガティブな側面も紹介してきたが、反対にここで述べたようにポジティブな側面もあるのだ！　今回のような名誉ある称号をいただいた時だけではなく、自身の論文が学術雑誌にアクセプトされたとき、学会での研究発表が優秀賞を受賞したときなど、嬉しいこともたくさんある。

このような山あり谷ありの研究者人生であることは間違いないが、すべての山や谷があって、現在につながっている、ということは強く感じている。地質学的な時間スケールであろうと、個人の研究者人生の時間スケールであろうと、過去は現在につながっており、そして現在は未来につながっているのだ。

地質学のスケール感

本書では、□千□百万年前とか、□億□千万年前など、どのくらい昔のことなのかよくわからなくなってしまうくらいの数値が何度も登場する。西暦一九五〇年とか、数十年から一〇〇年前くらいであればある程度実感がわくのだが、地球がおよそ四六億年の歴史をもつことを考えると数千万年〜数億年といったスケールの数値が出てくるのも仕方がないのだ。

生痕化石に関する講演をさせていただくことがあるのだが、講演後などに「何千年前とか何万年前とか何億年前とか、うまく実感できない」という趣旨の感想を聞くことが多い。実際に、大学で担当している授業の中で、学生たちに「マンモスと恐竜は同時期に地球上に生息していたか？」という趣旨のミニクイズを出したことがある。正解は×であるが、そこそこの割合で○と答える学生がいたことが、私の中で印象に残っている。いずれも有名な古代生物である上に、どちらも「ずっと大昔」という印象なのであろう。正しくは、恐竜が絶滅したのは約六五〇〇万年前なのに対し、マンモスは約四〇〇万年前〜一万年前にかけて生息していた。長い生命の歴史の中で考えると、マンモスのほうがずっと新参者なのだ。

このような、地質学に独特の時間スケールを実感しやすくするため、「年」を「円」に変換するのがわかりやすい。これは、共同研究者の先生が講演などで使っているたとえを教えていただいたのだが、とてもわかりやすいと思い、以後私も使わせていただいている。すなわち、カンブリア紀に相当する「約五億年前」は「約五億円」だと思えばよい。都心の超一等地の新築マンションよりも高く、通常であれば手が出ないような価格である。五億年前とは、それくらい昔（＝手が出ないほど昔）のことであるのだ。一方、マンモスが絶滅した「約一万年前」は「約一万円」と思えばよい。一万円の買い物であれば、キャッシュで一括で購入できる人が多いであろう。マンモスが絶滅したのは、地球全体の歴史から考えると、すぐに手が届きそうなほど最近のことであるのだ。マンモスの場合には、通常であれば死後すぐに分解されてしまう毛や皮膚も、化石化の際の条件が揃えば化石として保存される。実際に、マンモスの毛や皮膚の化石は、国内の博物館の特別展示などでお披露目されることもある。

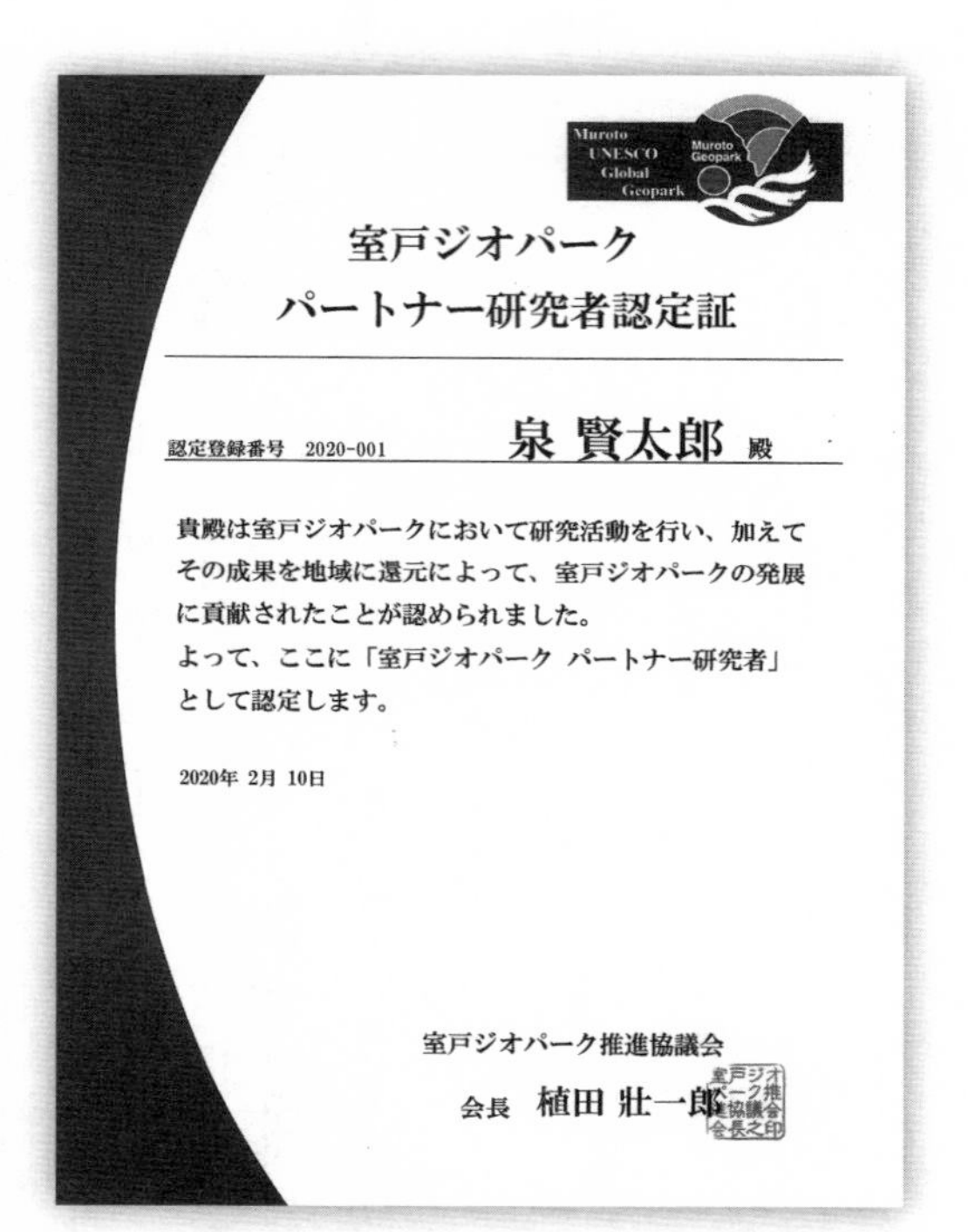
室戸ジオパーク
パートナー研究者認定証

認定登録番号　2020-001　　泉 賢太郎 殿

貴殿は室戸ジオパークにおいて研究活動を行い、加えてその成果を地域に還元によって、室戸ジオパークの発展に貢献されたことが認められました。
よって、ここに「室戸ジオパーク パートナー研究者」として認定します。

2020年 2月 10日

室戸ジオパーク推進協議会
会長　植田 壯一郎

図28 室戸ユネスコ世界ジオパークのパートナー研究者に認定された際の賞状。

第六章　地層ブラブラ：身近な楽しみとしての生痕学

まえがきで、生痕化石を探すフィールドワークを「地層ブラブラ」と名づけることを宣言した。そして、地層ブラブラの科学的な楽しみをガイドする、ということも宣言した。第五章までは、地層ブラブラした結果としてどのようなことがわかってきたのか、という点をお話ししてきた。いよいよ日本全国の代表的な地層ブラブラポイントをご紹介……したいのだが、いかに私の〝アウトドア力〟が低いとはいえ、地質学の専門的なフィールドワークであるので、これまでの自身のフィールドワークの場所をそのままご紹介することも難しい。というわけで、ここではまず、老若男女が気軽にアクセスできると思われる場所を二箇所、紹介する。

生痕化石を実際に探してみよう

いよいよ、ここで読者の皆さんに「地ブラ」ができるポイントを紹介したい。たとえば、ここまで本書に何度か登場した下関市の地層であるが、実はこれはけっこうな山の中にある。自身の実体験を交えて、海外にもお勧めしたい「地ブラ」ポイントはあるのだが、気軽にブラブラというわけにもいかないだろう。

そこで本書ではまず、神奈川県三浦半島南端にある城ヶ島の「地層ブラブラポイント」

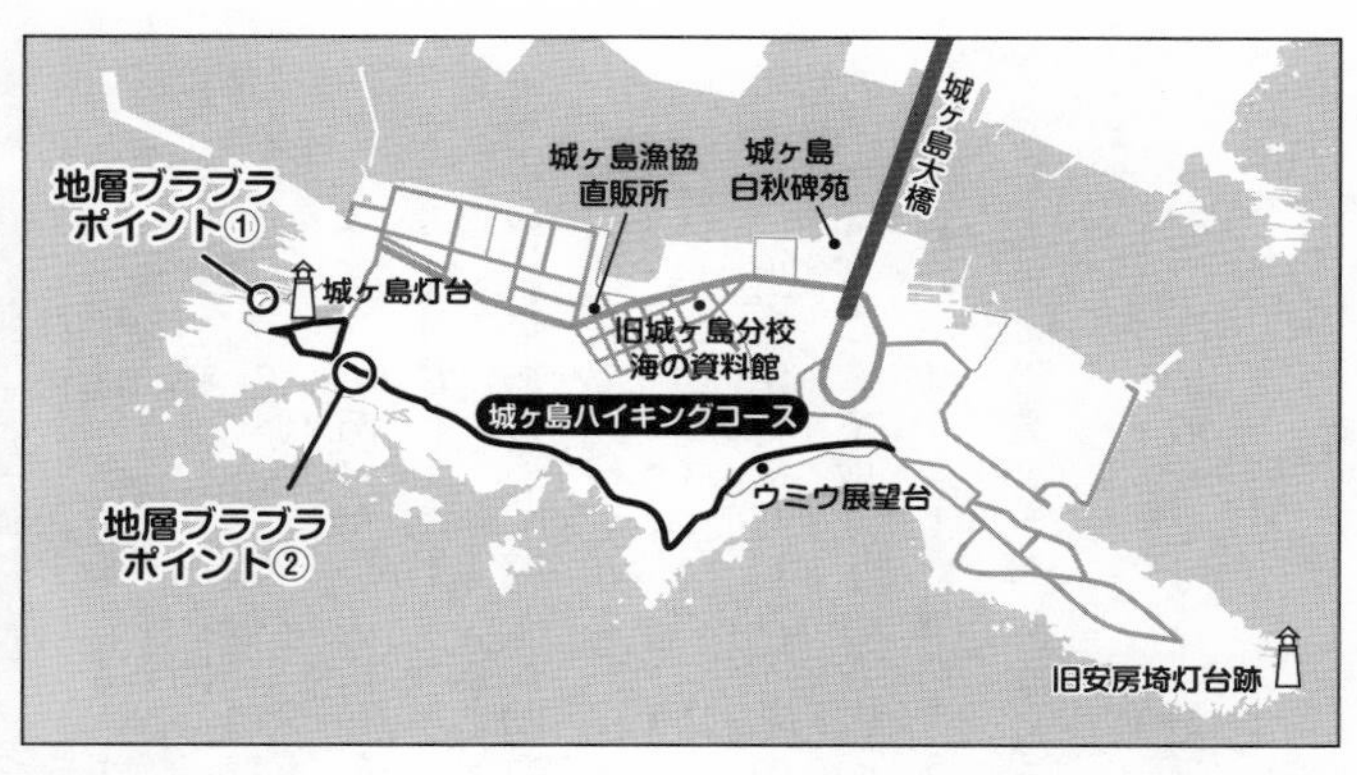

図29 地層ブラブラポイント①ではユムシのものと推定されるウンチ化石を、②ではユムシが餌を取る際に海底表面に残されたと考えられる放射状の生痕化石を発見した（筆者の数年前の観察であり、環境の変化などにより生痕化石が発見できない場合もある）。

にご案内したい。大自然や海の幸を楽しむことができる城ヶ島は、都内からのアクセスもよく、観光地としても有名である。ただ、その城ヶ島が実は地層観察の名所であることを知る人は少ないのではないだろうか。

城ヶ島は、約一〇〇〇万年前から約四〇〇万年前（新第三紀の中新世〜鮮新世という地質時代に相当）にかけて海底に堆積した地層を主体とし、断層などの特徴的な地質構造も観察できる。それに加えて、蠕虫状の海棲無脊椎動物の巣穴の化石や、ブンブクウニの這い痕化石などたくさんの生痕化石が見られる「地ブラ」ポイントなのだ。ここでは、私の見立てによる二箇所を紹介する（151ページ図29）。

まず一つ目のポイントは、ユムシのものと推定されるウンチ化石である。第二章の49ページ図5で紹介したのと同じ種類で、海底に掘られた巣穴内につぶつぶのウンチがぎっしりと詰まっている（153ページ図30）。このウンチ化石は、城ヶ島京急ホテル（二〇二〇年営業終了）があった場所につながる赤い橋のほど近くで観察できる。

二つ目のポイントは、ユムシが餌を取る際に海底表面に残されたと考えられる放射状の生痕化石である（153ページ図31）。一風変わったものであるが、長津呂湾の遊び船発着所付近の地層で観察できる。

城ヶ島にはハイキングコースもあるので、観光ついでに「地ブラ」ポイントまで足をのばし、生痕化石を楽しみ、その後に海の幸を満喫する、というのが最良のモデルコースであろう。ここで取り上げた二つの「地ブラ」ポイントをめぐる際の装備としては、サンダルは避けたほうがよいであろう。岩礁海岸であるので、ゴツゴツしていたり地層が傾斜していたりするため、軽いハイキング用のシューズか、少なくとも履きなれたスニーカーをお勧めする。

また、次に取り上げる「地ブラ」ポイントは、室戸半島にある。そう、第五章のコラム（144ページ）でも取り上げた、室戸ユネスコ世界ジオパークである。ここではプラノリテ

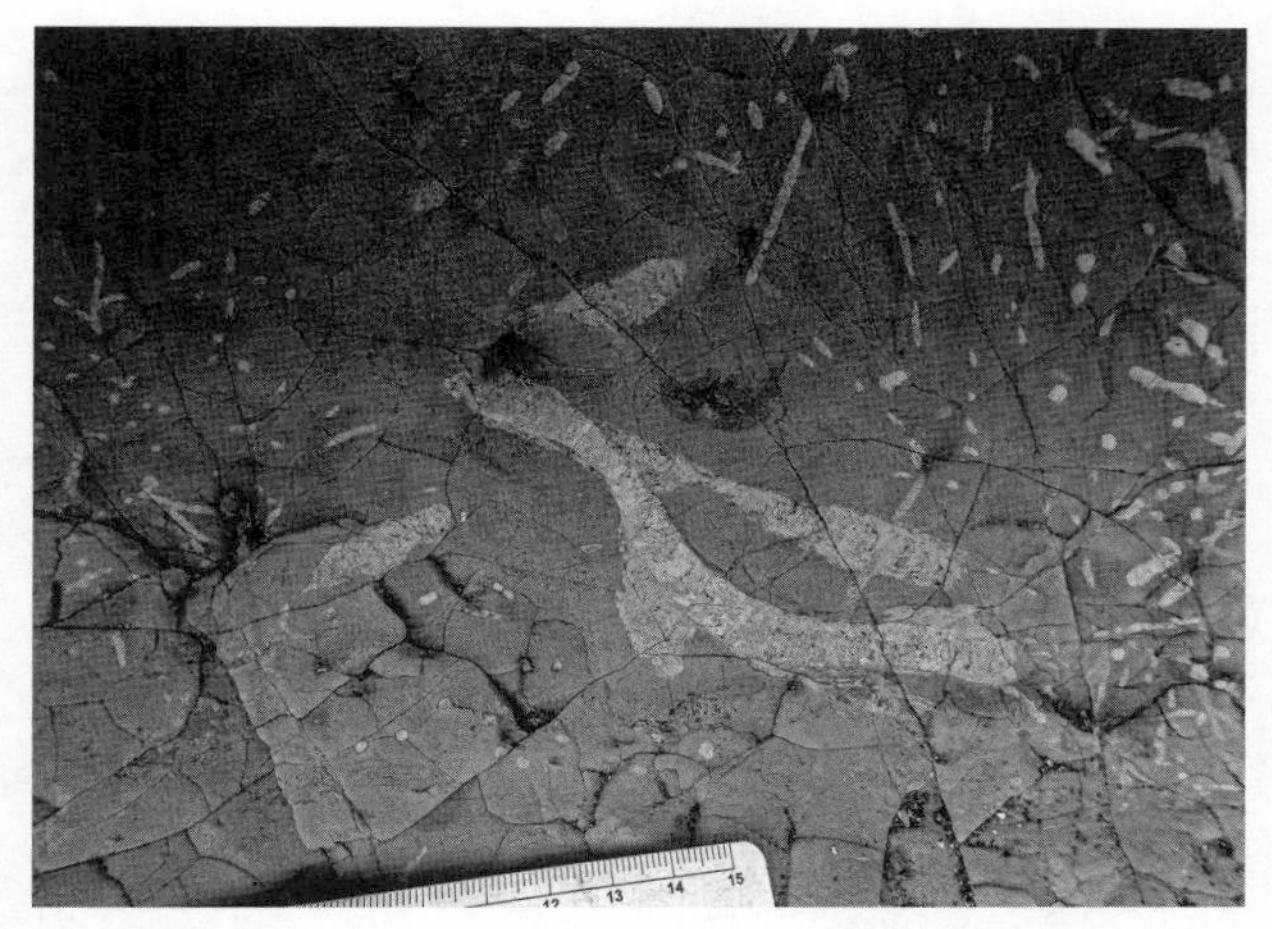

図30 城ヶ島の「地ブラ」ポイント①で見られた生痕化石。ユムシのものと推定されるウンチ化石（フィマトデルマ）。

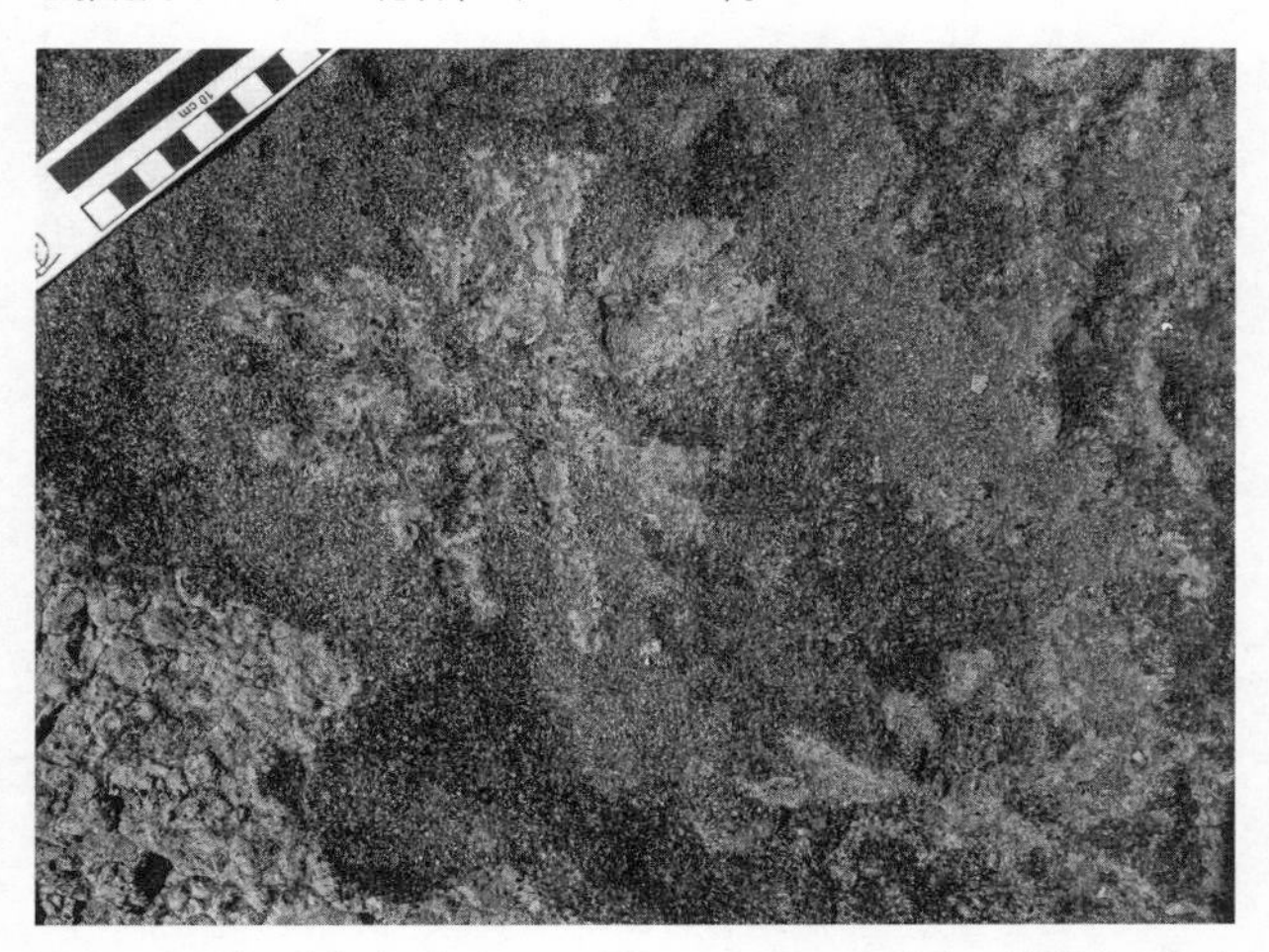

図31 城ヶ島の「地ブラ」ポイント②では、ユムシが海底の堆積物を摂食した痕跡の生痕化石が見られた。

スという種類の生痕化石（海棲無脊椎動物の巣穴の化石）が見られる。その他にも、実にさまざまな種類の生痕化石が見つかっており、二枚貝の這い痕の化石（プロトヴァーギュラリアという種類の生痕化石）も室戸ユネスコ世界ジオパークの地層に見られる。これらの生痕化石を観察できる箇所はいくつかあるので、詳しくは室戸ユネスコ世界ジオパークの公式ホームページを参照してほしい。本書では、そのうちの一つの「地ブラ」ポイントを紹介する。

アクセスの容易さと安全性の観点からお勧めしたいのが、「キラメッセ室戸」という道の駅のすぐ裏手にある地層だ（155ページ図32）。キラメッセ室戸の駐車場から海岸に下りていく階段がある。下りると、すぐ目の前に雄大な地層が広がっており、そこが絶好の「地ブラ」ポイントなのだ。実際、ここは「道の駅」ということもあり、私が「地層ブラブラ」をしている間にも多くの人が訪れるのを見るのだが、そのすべては「地ブラ」が目的ではなく、目の前に広がるきれいな海を見に来ているのだが……。本書をきっかけに、少しでも「地層ブラブラ」が浸透していってほしいと願っている。

図32 高知県、室戸半島の「地ブラ」ポイント。海岸に下りればすぐに到着する。

地層ブラブラのコツ

これは必ずしも城ヶ島や室戸半島に限ったことではないが、「地層ブラブラ」のコツを少し紹介しておこう。生痕化石は、特別な専門器具がなくとも、肉眼で観察することができる。これが生痕化石観察のいちばんの魅力である。しかし、実際に地層の中にある生痕化石を認識するには、漠然と眺めていてもダメだ。周囲の地層と色や質感が異なる構造を探すことである。そのような他と異なる構造こそが生痕化石である可能性は高い。これを心掛けていても、実際に地層中から生痕化石を探すのは難しいかもしれないが、まずは現地に行ってみないことには何も始まらない。

実際に城ヶ島や室戸半島で見られる生痕化石は、ここで紹介したもの以外にもたくさんある。関東圏にお住まいの方は城ヶ島に、関西圏にお住まいの方は室戸半島に行ってウンとチ的なブラブラを楽しんでみてはいかがだろうか？　また、今後の私の課題としては、ここで紹介した以外に、全国の主要都市から気軽にアクセスできる「地ブラ」ポイントをたくさん探していくことである。普段の私の地層ブラブラは、自身の研究の一環として行うものであるので、研究の目的を達成するために最適な場所を選ぶことになり、主要都市からのアクセスについては気にしてこなかったのだ。というわけで、まだまだ私のブラブラは続いていく。

街中で楽しむ生痕化石

地層ブラブラが、生痕化石の最大の醍醐味の一つであることは間違いない。しかし、「気軽に」アクセスできる場所として紹介した城ヶ島のハイキングコースや室戸半島の「キラメッセ室戸」の「地ブラ」ポイントが、万人にとって本当に気軽であるかどうかはわからない。私が担当している大学での地質学のフィールドワークの授業でも、同様のことを痛感することがある。数十人規模の学生を引率してフィールドワークを行うため、専門的な内容と同じくらい注意を払うのが安全面である。歩きやすさ、周辺状況、地層の露出状況などさまざまなことを考慮して、「初フィールドワークの学生であってもこれなら大丈夫」と選定した場所が、ある学生にとっては「全然大丈夫じゃないじゃないですか～(汗)」ということもあるのだ。

ということで、地ブラで味わえる臨場感はないものの、写真で生痕化石を見るよりも遥かにお勧めなのは、科学博物館に行ってみることだ。博物館には、実物の化石標本が展示されていることが多い(ただし、貴重なものや大型のものはレプリカ標本である場合もある)。これならば、より簡単に生痕化石の実物を見ることができる。しかも、科学博物館は、大抵の場合は日本中各所にある上に、化石以外にもいろいろな標本が展示されていたり、時期によっては(夏休みなど)、科学体験講座などが開催されたりすることもある。ただし、博物館によって展示内容が異なるので、すべての博物館に生痕化石が展示されているかはわからない。生痕化石をどうしても見てみたい場合には、事前に目星の博物館に問い合わせてみるのが確実であろう。

また、全く別の視点からの地層ブラブラの方法も紹介しよう。街中にある大理石(学術的には結晶質石灰岩という)の石材で作られた建造物は地ブラの穴場スポットである。たとえば、デパートや駅の壁や床などは、大理石でできている場合がある。そして運がよければ、大理石の床や壁をよくよく見てみると、アンモナイトや二枚貝などの化石が含まれていることがある。もちろん、生痕化石が含まれている大理石が建造物に使用されていれば、街中でも生痕化石に出会うことができる、というわけだ! あるいは、大理石を使った建造物以外にも、石材をよく観察すれば生痕化石を見つけることができる場合がある。花崗岩や安山岩といった石材は、日本国内では比較的よく使用されているものの、これらはマグマが冷え固まった岩石であるので化石を含むことはない。一方、砂岩や泥岩を用いた建造物には、チャンスがある。私自身は、下関市内のお寺の石碑（泥岩でできていた）の中に、生痕化石を発見したこともある。ただし実際には、たくさんの人が行きかう街中で大理石の床を凝視するのは明らかに怪しいので、床より壁面のほうがよい観察対象であるのは間違いない。

動物園や水族館で生痕学体験

街中の建造物の石材以外にも、身近で生痕学を楽しむことのできる場所がある。それは、動物園や水族館である。これらの場所は、生痕化石ではないのだが、生痕の観察スポットとして有望だ。私自身もウンチ化石と〝主〟に関する公式を求めて、動物園でさまざまな動物のウンチの研究に取り組んでいるところである。このように、動物園や水族館は、さまざまな動物の行動を実際に観察するにはうってつけの場所である。

特に私は、「ウンチ化石ハカセ（とりわけ地味なほう）」ということで、海棲無脊椎動物のウンチ化石を主要な研究対象にしている。そんなわけで、個人的には水族館でこっそり生痕学に勤しんでいることが多い。通常は、水族館のメインといえば、イルカやアシカのショー、あるいはペンギンなどのかわいい系の動物であろう。最近ではクラゲの水槽なども、フォトジェニックで人気が高い。しかし私はといえば、海辺の生きものが展示されている水槽を見つけては、ナマコのウンチを観察したり、ゴカイの巣穴を観察したり、巻貝の這い痕を観察したりしている。

このように、動物園や水族館は身近で生痕学を楽しむためには、うってつけの場所なのだ。もしかしたら、将来的に、動物園や水族館での生痕学が、子どもたちの夏の自由研究のトピックになったりするかもしれない。

自分のウンチを生痕化石として残すには

さて、ここでは、ややトリッキーであるが、心のどこかで気になっているものの、声を大にしてはいえない疑問、「自分のウンチを化石として残すにはどうしたらいいのか?」というトピックについて考えていきたい。

第一の条件は、ウンチをすることであるが、これについては（頻度の差はあると思うが）多くの人がクリアできる条件であろう。

第二の条件は、ウンチの状態である。第二章で、脊椎動物のウンチ化石について、いくつか実例を挙げて見てきた。一般的に脊椎動物のウンチは、基本的には水と有機物の塊であり、トイレの中での体験やペットのウンチなどを思い浮かべていただければ、ある程度具体的にイメージすることができるであろう。化石化する際には、周囲の砂や泥よりも先に鉱物化して硬くなることも、紹介した。実際に、ウンチ化石の周囲の地層の層構造が、ウンチ化石の輪郭に沿って湾曲しているような産状のウンチ化石も知られており、砂や泥が固結して地層化するよりもずっと先にウンチが化石化することを示している。ただし、そんな脊椎動物のウンチであっても、やはり最初（＝出たてほやほや）は軟らかい。したがって、化石化する際に最初に乗り越えるべき壁は、砂や泥などの堆積物にウンチが埋没する前（あるいは埋没直後）に、ウンチが破壊されない、ということである。そのためには、ウンチの状態が重要となり、いわずもがな、軟らかめのウンチよりも硬めのウンチのほうが適しているだろう。この第二の条件を満たすためには、食べるものにも気を遣ったほうがよさそうだ。

第三の条件は、ウンチが分解を免れることである。脊椎動物のウンチは、水と有機物の塊であるため、砂や泥の中に生息している微生物にとっては、格好の餌であり、通常であればウンチは微生物によってすぐに分解されてしまう。この世にはたくさんの生物が生息しているが、世の中が生物の遺骸やウンチで埋め尽くされることがないのは、こうした微生物が遺骸やウンチを構成している有機物を速やかに分解するからである。したがって、微生物による有機物の分解というのは、自然界の摂理ともいうべき現象である。実際に、熱力学的に考えると、有機物は極めて不安定な物質であり、さまざまな微生物によって段階的に分解されることが知られている。

その中でも、酸素が豊富にあるような環境中に生息している微生物による分解が、最も効率的に進行するのだ。したがって、第三の条件をクリアするためには、ウンチが酸素に触れる時間を可能な限り短くするのがよい。空気中にはたくさんの酸素が存在しているので、ウンチは極めて速やかに分解されてしまう。水中のほうが空気中よりはマシだとは思うが、水中にも少量の酸素が溶存しており、水中にウンチを保存しても、いずれは微生物によって分解されてしまうであろう。ウンチの分解を免れるのに最も適しているのは、堆積物の中である。海底や湖底の堆積物を例にとって考えると、堆積物中の酸素濃度（より正確には、堆積物を構成している砂や泥の粒子間の間隙水中に溶存している酸素の濃度）は、堆積物表層（＝海底面や湖底面に相当）が最も高く、堆積物中の深い場所になるほど、指数関数的に減少していく。したがって、海底や湖底の堆積物の中の、可能な限り深いところにウンチを埋めるのが、分解を免れるには最善の策である。

ちなみに、ここまで、川底の堆積物は一切登場していないが、それには理由がある。一般的に河川は流れがあるため、川底の堆積物は川の流れによって移動することがあり、仮にウンチを川底の堆積物の中に埋めたとしても、川の流れが速い場所や、あるいは洪水などが発生したりすると、すぐにウンチが洗い出されてしまい、バラバラになってしまうからだ。もちろん、海底や湖底であっても、水深などいくつかの条件次第では、流れが存在することもあるのだが、一般的には海底や湖底は、川底に比べてずっと穏やかな環境である。

ただし、この第三の条件を実行するのは、現実的には難しそうだ。すなわち、海底か湖底の堆積物の深いところに、自分のウンチを「わざわざ」埋めなくてはならないのだ。しかも、海であっても湖であっても、底に足が着くような浅瀬ではダメだ。なぜなら、海でも湖でも浅いところでは波が立ったりして、堆積物が絶えず揺れ動かされているからだ。このような場所にウンチを埋めたとしても、天候が荒れた際にすぐに洗い出されて、水中でウンチがバラバラになってしまうであろう。そのようなわけで、第三の条件を現実的に満たすことができるように、もう少しきちんと考える必要があるようだ。

第三の条件の要点は、ウンチの分解を最小限に抑えることである。そのためには、酸素濃度が低い場所にウンチを置いておく必要があるのだ。海底や湖底の堆積物の深部は酸素濃度が極めて低いのだが、実際にそこにウンチを埋めるのが難しいのだ。それでは、堆積物の内部ではないところで、酸素濃度の低い場所はないのだろうか？　実は、一般的というわけではないが、あるにはあるのだ。海底や湖底の水（底層水）には、通常は一定の濃度の酸素が溶存している（だから水中で動物が生存できるというわけだ）。しかし、限られた条件下では、水中の溶存酸素がほとんどゼロになるような場合がある。海や湖において底層水に溶存している酸素が欠乏しているような状態を「貧酸素状態」、そして底層水中の溶存酸素が完全にゼロとなったような状態を「無酸素状態」と呼ぶ。すなわち、底層が貧酸素状態あるいは無酸素状態になっているような海域や湖があるのであれば、そこにウンチを沈めておくだけでよいのだ。わざわざ堆積物中にウンチを埋める必要はなくなるというわけだ。「貧酸素状態」あるいは「無酸素状態」の海域や湖では、特殊な条件が揃えば、湖底が無酸素状態になっている可能性がある。底層水が無酸素状態であるため、湖底の堆積物には底生生物が生息しておらず、その結果として、初生的な堆積構造（平行葉理（40ページ）がよく保存されている。

そして、最後となる第四の条件であるが、ウンチが砂や泥に急速に埋没することである。

たとえ無酸素状態の湖にウンチを投げ入れたとしても、実はまだ完全に安心できないのだ。なぜなら、無酸素状態の中でも生息できる微生物がおり、そのような微生物によっても有機物は分解されてしまうためだ。酸素が存在する条件下での有機物の分解に比べると、無酸素状態での有機物の分解のほうが効率は悪い。

それでも、湖底のような無酸素状態であっても、ウンチ（＝有機物）はゆっくりとだが確実に分解が進行していく、ということだ。それを免れるためには、微生物による有機物の分解の速度を上回るほど急激に、ウンチを堆積物深部に埋没させることが必要になる。堆積物のごく深部であれば、有機物を分解する微生物もほとんど生息していないため、安心できる。実際に、ウンチ化石でなくても、非常に保存状態のよい体化石は、しばしば砂や泥に急速に埋没し分解を免れることによって形成されることが知られている。考えてみると、砂や泥によって急速に埋没する、ということは、〝生き埋め〟になって死んでしまった、ということになる。

しかし、その生き埋めになった生物は、結果として非常に保存のよい化石として、後世まで姿を残すことになるのだ。したがって、湖にウンチを投げ入れた後には、砂や泥を大量に湖に投入すればよいのだ。ただし、注意したいのは、何の遠慮もせずに湖にバシャバシャと大量の砂や泥を投入すると、湖底の底層水に酸素がもち込まれてしまう恐れがある。なぜなら、湖の表層は空気と接しているため、表層水には酸素が溶け込んでいるはずだからだ。したがって、バシャバシャと大量の砂や泥を投入してしまえば、表層水と底層水が混ざってしまい、本来であれば無酸素状態である底層水に酸素がもち込まれてしまうのだ。

そういうわけなので、以上のことをまとめると、自分のウンチを生痕化石として後世に残すためには、できるだけ硬いウンチをした後に、それをある種の堆積構造が保存されている場所に投げ入れ、その後、大量の砂と泥をできるだけ「そーっと」投入することである。後は地殻変動によってウンチ化石が欠損しないことを祈るだけである。文章にするとたった数行であるが、実際にはなかなか難しそうである。なぜなら、無断で湖に大量の土砂などを投入することはいろいろな意味で許されないからである。湖を管轄する自治体に「土砂を大量に投入したい」と申請しても、その理由が「自分のウンチを化石として後世に残したいから」であれば、ますます役所も取り合ってくれないであろう……。

妄想ウンチ学

自分のウンチを生痕化石として後世に残す方法は、これで一応はわかったとしよう。

少々妄想チックになってしまったかもしれないが、一応、科学的な根拠に基づいて考察してきたので、そういう意味では思考実験的だといえよう。

ここでは、もう少し妄想的な要素を広げて話を展開していきたい。いわば、妄想ウンチ学、といったところであろう。これまで、ウンチ化石に関するさまざまなトピックを紹介してきた。さて、どのトピックに関して〝妄想ウンチ学〟していくべきだろうか。

やはり、ここは最も個人的に妄想を膨らませていきたいトピックを取り上げることにする。あの「ウンチとその主に関する公式」である（96ページ）。その公式を使って、ドデカイ動物のウンチのサイズを推定していきたい。すなわち、特撮好きの憧れであるゴジラやウルトラマンのウンチは、一体どれほどのサイズなのであろうか？　ビッグサイズであることは容易に想像できるが、「何センチのウンチなのか？」ということを科学的に推定するのが、私が目指している公式なのである。

ただし、その公式については、現在、まさに動物園での研究によって構築中である。したがって、本当の公式はまだわからないのであるが、とりあえずここでは、169ページ図33に示したような、とてもザックリとしたデータセットを用いることとする。そのデータセットを解析すると、「ウンチの幅（センチメートル）＝〇・八七七×（体重の〇・二四二乗）」という公式が得られる。ただし、この公式は使用しているデータセットが少ないため、データのばらつきの程度を説明する決定係数（R^2値）は〇・六二七と、決して高くはない（0〜1の範囲になり、データのばらつきが少ないほど決定係数は一に近くなる）。今後のウンチ研究でこの公式の精度を高めていく必要がある。

何はともあれ、ここでは、この公式を使って考察（＝妄想）を続けていくことにする。まずは、ゴジラから考える。ゴジラには様々なバリエーションがあるが、ここは初代ゴジラを想定する。初代ゴジラの体格は、身長五〇メートル、体重二万トンである。この二万トン（＝二〇〇〇〇〇〇〇キログラム）を、先ほどの公式に代入すると、ゴジラのウンチの幅は、なんと、約五一・二センチメートルとなる。

次に、ウルトラマンについて、同様に考えてみる。ウルトラマンにも、さまざまなバリエーションが存在するが、ここでは初代ウルトラマンについて考える。初代ウルトラマンの体格は、身長四〇メートル、体重三万五〇〇〇トンである。先ほどの公式に体重の値を代入すると、初代ウルトラマンのウンチの幅は、約五八・六センチメートルである。もっとも、ウルトラマンのほうは、M78星雲光の国出身の宇宙人である。したがって、地球上の哺乳類の我々と同じような消化器官を持ち、同じようなウンチをするかどうかという保

	体重 (キログラム)	ウンチの幅 (センチメートル)
ティラノサウルス	8850	15
アジアゾウ	5000	20
人間	60	2.5

図33 公式を導き出すためのデータセットの一例。ウンチ化石ハカセが挑むのは「ウンチとその主に関する公式」。動物の体重と糞の幅の計測するジミチな作業から導き出されるはずだ……。

証はどこにもないが、とりあえずここでは、先の公式に代入してみた。

さて、五〇センチメートル超えの幅のウンチというのは想像を絶するが、そんな巨大ウンチの威力(?)を、何とかして具体的に考えていくことにしよう。そこで、ウンチの重さを考えてみる。

そのためには、ウンチの体積と密度を知る必要がある。根拠はないが、仮に、初代ゴジラと初代ウルトラマンのウンチの長さが、(少なめに見積もって)幅の三倍であると考える。そして、ウンチの密度は計算を簡単にするため、一・〇(グラム/立方センチメートル)と仮定する。この密度の値は水と同じであるが、それなりにもっともらしい値であろう。ウンチは水と有機物の塊であるが、中身はぎゅっとしている場合もあれば、軟らかくてスカスカの場合もあるだろう。その結果、トイレの水に沈む場合もあるし、浮かぶ場合もある。それでは、ここから具体的に計算をしていく。単純化するため、ウンチの形状を円柱とすると、その体積は、「半径×半径×円周率×長さ」で求められるので、初代ゴジラのウンチの体積は約三一万五四二九立方センチメートル、初代ウルトラマンのウンチの体積は約四七万三四五〇立方センチメートルとなる。さらに、密度は一・〇グラム／立方センチメートルであるので、初代ゴジラのウンチの重さは約三一万五四二九グラム（＝三一五・四二九キログラム）、初代ウルトラマンのウンチの重さは約四七万三四五〇グラム（＝四七三・四五〇キログラム）となる！

なんとまあ、三〇〇キログラム、四〇〇キログラム級のウンチとは、驚くばかりである。宇宙人である初代ウルトラマンがいつ、どこで、どのようにウンチをするのかはわからないが、初代ゴジラは映画の設定だと「ジュラ紀〜白亜紀にかけて稀に生息していた海棲爬虫類と陸上爬虫類の中間的な性質をもつ生物」だとされている（ただし、作中では二〇〇万年前とされているが、これは地質学的にはジュラ紀や白亜紀ではなく、ずっと後の第四紀と呼ばれる時代である）。したがって、おそらく初代ゴジラは爬虫類であるので、われわれの想像通りのやり方でウンチをするのであろう。

初代ゴジラ（体長五〇メートル）がウンチをするということは、股下が二〇メートルだと想定すると、地上二〇メートルの高さから重さ三〇〇キログラムの物体が落下してくるということである。たとえるのであれば、高層ビルの七〜八階から、排気量四〇〇cc超の大型二輪（＝大型バイク）が落下してくるようなものである。もし初代ゴジラがウンチをしたときに落下地点に人がいたならば……。考えるだけでも恐ろしいから、これ以上書くのはやめておく。一ついえることは、初代ゴジラや初代ウルトラマンにもし出会うことがあったら、踏みつぶされないことだけに注意するのではなく、ウンチにつぶされないことにも注意するほうがよいだろう。

生痕学者になるには

第四章の最後で、〝研究する〟というのが実際にはどういうことを意味するのか、ということに触れた。そして、研究者というものが実は一般的なイメージよりもクリエイティブな職業であることを強調したつもりである。

研究職は特に男子児童にとっては、なりたい職業ランキングの上位に入っていることも、既に述べた。他のなりたい職業ランキングの上位は最近では動画クリエイターなどが入るが、それに加えて男子であればサッカー選手・野球選手・警察官・医者など、女子であれば食べ物屋さん、学校の先生、看護師、美容師などである。これらの職業は、どのようにしたらその職業に就くことができるのか、ということが一般的に広く認識されている場合が多い。たとえば、プロスポーツ選手になりたいのであれば、まずはその競技の練習をたくさん行うことに疑問をもつ人はいないであろう。あるいは、医者や看護師、教師、美容師などになりたいのであれば、それぞれに必要な資格を取得しなければならないことも明らかであろう。

それでは、研究者になるにはどうするのか？ 何らかの資格を取る必要があるのだろうか？ 実は、研究者になる方法については、なりたい職業ランキング上位の他職種に比べて、驚くほど認知度が低いと私は感じている。というわけなので、ここまで本書を読み進めてくれた読者諸氏の中で、「将来自分も生痕化石の研究者になりたい！」と思ってくれた人がいる場合に、どのような経路が最適であるのかを簡単にご紹介しよう。結論からいうと、研究者は国家資格ではない。なので、「研究者免許」のような代物も存在しない。では、何をもって「研究者」になるのであろうか？ ある人物が研究者であることを保証するものは、学位である。学位とは、国内外の大学などの高等教育機関において学術上の能力や業績などに基づいて認定される称号である。そして、学位といっても階層性があり、代表的なものでは学士（＝学部卒業相当）、修士（＝大学院修士課程修了相当）、博士（大学院博士課程修了相当）がある。一般的には、一人前の研究者として独り立ちしたと見なされるのは、博士の学位を取得した後である。というわけで、博士の学位が研究者の〝免許〟的なものなのだ。したがって生痕化石の研究者になるためには、生痕化石に関する専門的な研究を行って博士の学位を取得する必要がある。それでは、具体的にどうすればよいのであろうか？

いちばんスタンダードな方法は、大学において地質学系の学科に入学し、そこで研鑽を積むことであろう。繰り返しになるが、すべての生痕化石は地層の中に埋まっている。したがって、生痕化石を研究するということは、地層と無縁ではいられない。地層に関する研究に特化しているのが、一般的には地質学系の学科であるのだ。

国内の大学であれば、地質学系の学科は、理学部や理工学部といった理系学部の一学科である場合が多い。大学の地質学系の学科で四年間勉強・研究に励み、卒業後は大学院（地質学系の専攻）に進学して修士課程（通常二年間）、および博士課程（通常三年間）において、専門研究を深化させていく。専門研究を実際に行うに当たっては、もちろん最初から自分一人ではできないので、大学や大学院では特定の研究室に所属して、研究室の指導教員の先生にご指導いただきながら研究を行っていくことになる。その際の研究室の配属決めに当たって、私の場合は、本書のまえがき冒頭で紹介したようなプロセスを経た、ということである。ちなみに、研究内容とは直接的には関係がないのだが、所属先の研究室との相性は非常に大事である。学術的な研究を行う場ではあるが、結局は人間関係が重要なのである。大学や大学院に入って、いざ研究室を選ぶ際には、研究内容だけではなく、研究室の先生や先輩との相性についても十分に考えてから決めるのがよいだろう。

では次に、いちばん重要な点、「誰がどのように博士の学位を認定するのか」という問題に答えていく。学位は国家資格ではないので、ペーパー試験があるわけではない。博士課程で三年間かけて取り組んだ生痕化石に関する専門研究の成果を、博士論文としてまとめるのだ。そして、博士論文を執筆した後に、その分野に精通した複数の審査員（大学教員や研究所の研究員などから構成され、通常は五名）による審査を経て、博士の学位を取得する、という流れだ。ここで忘れてはならないのが、大学院の博士課程に入ったからといって必ず博士の学位を取得できるわけではない、ということである。場合によっては、審査結果次第では、三年かけてまとめた研究成果が博士の学位を取得するには十分ではない、と判断されることもある。当然、この場合には博士の学位は取得できない。なので、博士課程で三年間で学位を取得できた人がいる一方で、五年間かかるという人がいるのも事実である。ここまでの内容をまとめて、ふと気づくことがある。それは、博士の学位を取得して〝一人前の研究者〟となるのは、早くても二七歳だということだ。その上で、研究職として大学教員や研究所職員として就職するまでに、〝ポスドク〟と呼ばれる任期付き採用の時期を経ることが多い。したがって、スタンダードなキャリアパスを経た人が、三〇歳で安定した（＝任期のない）研究職に就けたとする。これは、高校（や大学）卒業後に働き始めた同級生と比べると一二年（もしくは八年）も後のことになるのだ。

生痕化石に関する講演などを行うと、講演後に、化石好きのお子さんや保護者の方から、「いつからどのような勉強をしていましたか？」「子どものころから化石の発掘をしていましたか？」「化石研究者になるには何がいちばん重要ですか？」といった質問を受けることがある。蛇足だが、「どうしたら生痕化石の研究者になれるのですか？」とは聞かれたことがない。これも生痕化石がまだまだ地味な存在であることの一つの証拠であろう。

質問の答えに戻る。もちろん、目指している大学や大学院に入学して研究者への道に進む第一歩として、勉強はとても大事である。そして、化石への興味をさらに高めることとして、大学入学前に実際に化石発掘体験をするのもよいだろう。しかし、私が思うに、生痕化石の研究者（もはや生痕化石に限らず、広く一般に研究者）になるために最も重要なのは、「研究者になるんだ」という強い意志をもち続けることと、そして家族・恋人・友人など周囲の理解、この二点に尽きる。

……とまあ、自分自身のかつての経験も思い出しながら筆を進めていたため、ついつい熱が入ってしまった。ここで述べたことが、生痕化石研究者を目指す人やそのご家族にとって、参考になれば幸いである。

ウンとチのつくコラム

ウンチ化石研究者の日常　その二

ウンチ化石を研究するという仕事柄、国内外を含めて、出張は多いほうだと思う（ただし、二〇二〇年以降は新型コロナウイルスの影響があり、本書執筆時点で、未だに一度も調査出張に行けていない）。特に海外出張では、目的のフィールドワークや学会発表を行うだけでなく、その国の文化を肌で感じるよい機会になっている。時には、海外文化に影響を受けるあまりに、日本に戻ってきてからもしばらく、特定の海外文化がマイブーム化することがある。

そのうちの筆頭は、南米のマテ茶文化である。大学院生のころ、ブラジルとアルゼンチンに約二カ月間、滞在した。南米で広く浸透しているマテ茶文化であるが、おそらく日本での認知度は低い（生痕化石の認知度よりは高いと思うが……）。マテ茶とは、南米原産のお茶で、ビタミンやミネラル、食物繊維が豊富であるらしく、「飲むサラダ」ともいわれている。南米滞在中、食事といえばお肉とパスタとビールとワインばかりであったが、特に体調を崩すことがなかったのは、マテ茶のおかげであるに違いない。というわけで、南米滞在後もしばらくは（数年間くらい）、マテ茶にハマり（181ページ図34・35）、まるでマテ茶文化の伝道師のごとく周囲の人にマテ茶を勧めていた。

このように、日常生活でも研究生活から大いに影響を受けることもあるのだ。

研究者人生紆余曲折 その五

本書のコラムの「紆余曲折」シリーズの最後である。本書の執筆がきっかけとなって、改めて私自身の研究者人生（二〇〇九年の卒論開始から数えて約一二年）を振り返った。自身の研究対象が生痕化石と決まるまでも紆余曲折があったたし、決まってからももっと多くの紆余曲折があった。ただ、それらの経験のすべてが今の自分を作っている、と信じている。

そして何より、紆余曲折の極みとでもいうべきは、そもそも私が本書を書いているということである！　これはお世辞でも社交辞令でもなく、本当にそう思っている。まえがきでも述べたように、もともと私は大学入学前には地層や化石（もっと広くいえば、昔の地球の姿）に強い興味があり、漠然と「将来は、興味がある地層や化石の研究をして、それが仕事になればいいなあ」と考えていた。にもかかわらず大学四年間は応援部の活動に時間と情熱の大半を注いでいたので、研究内容や自分の将来についてはあまり真面目に考えていなかった。その分の遅れを取り戻すべく、大学院進学後は、ほとんどの時間を研究に捧げ、情熱を持って研究に取り組んできたつもりである。

一方で、大学院修了後に安定した（＝任期のない）研究職に全員が就けるという保証は一切ないため、とにかく当時は「いい研究をしなきゃ」「たくさん論文を書かなきゃ」「学会に行ってアピールしなきゃ」とばかり思っていた。研究アイデアの着想のヒントを広く探すために、（地質系に限らず）自然科学系の一般向け書籍を読んではいたが、大学院生当時は、まさか自分が将来そのような一般向け書籍を書くことになろうとは、夢にも思っていなかった。

それが、ひょんなことから、集英社発行のｋｏｔｏｂａ誌上での連載のお話をいただき、そのときの内容が本書につながっているのだ。研究であってもそれ以外の側面であっても、それまでの人生でかかわってきたいろいろな人とのご縁が重要なのだと、つくづく思う。周囲の環境や人が違えば、同じ人物であっても違う人生になっていることであろう。もしかしたら、生命進化にも同じことがいえるかもしれない。生命進化の歴史に「……たら、……れば」はないが、それでも仮に同じ生物種が異なる時代・異なる環境に生きていたら、違う進化の歴史をたどっていただろう。……とまあ、これまた妄想がすぎるが、「人とのご縁」というのは本当に不思議なものであり、今後の研究者人生も楽しみである。

図34 南米滞在をきっかけにマイブームとなったマテ茶文化。

図35 マテ茶を飲むときには専用の容器「マテ」と専用のストロー「ボンビージャ」を使う。

あとがき　だけどいろいろわからない、だからこそウンチ化石はおもしろい

本書は、生痕化石とは何か？　生痕化石からどのようなことがわかるのか？　そして生痕化石の研究者とは何を目指しているのか？　身近で感じる生痕学の楽しみとは？　といったことについて、主に私の専門であるウンチ化石にフォーカスを当ててご紹介してきた。

化石について紹介している書籍は世の中にたくさんあるのだが、生痕化石の書籍となると極めて少ないのが現状だ。そんな中でも本書の最大の特徴は、想像力を最大限に膨らませて、生痕化石の研究者という視点から、大胆すぎる地球の未来予想図を描いてみたり、あるいは妄想ウンチ学をさまざまな方面に展開した、という点にあるだろう。さすがに数億年後の世界というのは、私も頭では理解できているつもりになっていても、具体的にイメージできない部分が多い。とはいえ重要なのは、未来を知るためには過去を知る必要があり、過去を知るためには現在を知る必要がある、ということだ。これは何も、生痕化石研究だけに当てはまることではなく、自然現象一般にいえることだと思う。「過去」「現在」「未来」というように言葉で表現すると、お互いが独立であるような気がしてしまうが、実際のところは連続的な時間軸の上に存在しており、その意味では互いを切り離して

考えることはできない。

本書でも、過去の化石の話が出たり、今生きている生物の話が出たり、はたまた遠い未来の話が出たりと、もしかしたら各章の内容がバラバラだという印象をおもちの方もいるかもしれない。しかし私としては、先に述べたように「時間軸」という共通の軸の上に存在するため、すべての話題が少なからずリンクしている、と考えている。

生痕化石（の中でも特にウンチ化石）に関する本書は、ひとまずここで終了するが、生痕化石研究は終わることはない。なぜなら、まだまだわかっていないことだらけだからだ。今後、たくさんの生痕化石研究者が未解決の課題に取り組み、知識が広がっていくことが期待される……はずなのだが、それには大きな問題がある。世界的に見ても、生痕化石研究は決して規模の大きい分野ではないのだ。すなわち、未解決課題は多いものの、それに取り組む研究者の数が少ない、ということだ。

しかし、これはチャンスである。というのも、生痕化石研究はあらゆる人に門戸が開かれている、と考えることができるからだ。課題が多いのに研究者人口が少ないということは、たくさんの重要研究テーマや研究アイデアが存在する、ということだ。つまり、生痕化石に精通した大御所研究者でなくても、フレッシュな若手研究者が世界的な研究成果を生み出すことが可能であるわけだ。科学研究の世界においては、これは非常に魅力的なことである。一方で、研究者人口の多い成熟した研究分野の場合、一人の若手研究者が革新的な成果を生み出すというのは、そう簡単なことではない。だからこそ、生痕化石研究はおもしろいのだ！

本書を読んで生痕化石に少しでも興味をもってもらえたのであれば、望外の喜びである。最後までお付き合いいただき、ありがとうございました。今後も機会があれば、生痕化石（特にウンチ化石）に関する話題を発信していきたいと考えているので、その際には再びよろしくお願いいたします。

最後になりますが、本書の執筆のきっかけ（＝ｋｏｔｏｂａ誌上での連載）をくださった集英社インターナショナルの近藤邦雄さんに、深く感謝申し上げます。そして、私のこれまでの研究者人生でかかわってきたすべての先生方、先輩、同期、後輩諸氏、研究室配属学生諸氏との出会いの中で、本当にさまざまな研究を行ってくることができた。これらはすべて私の研究者としての個性を形成する重要なピースとなっており、これらの研究がなければ、本書は驚くほど薄っぺらいものとなっていたでしょう。深く感謝申し上げます。

また、本書の完成を誰よりも心待ちにしてくれていた妻は、ｋｏｔｏｂａ誌上での連載時からいちばん身近な読者であり続けてくれた。この場を借りて、感謝いたします。

二〇二一年二月
穏やかな冬晴れの西千葉キャンパスの研究室にて

泉　賢太郎

引用文献

・Mochizuki, T. et al., 2014. Diachronous increase in Early Cambrian ichnofossilsize and benthic faunal activity in different climatic regions. Journal of Paleontology, 88, 331-338.

・Nishida, N. et al., 2016. Sedimentary processes and depositional environments of a continuous marine succession across the Lower-Middle Pleistocene boundary: Kokumoto Formation, Kazusa Group, central Japan. Quaternary International, 397, 3-15.

・Seike, K. et al., 2017. Using tsunami deposits to determine the maximum depth of benthic burrowing. PLOS ONE, 12, e0182753.

・Baucon, A., 2010. Leonardo Da Vinci, the founding father of ichnology. Palaios, 25, 361-367.

・Seilacher, A., 1967. Bathymetry of trace fossils. Marine Geology, 5, 413-428.

・Seilacher, A., 2007. Trace Fossil Analysis. Springer, 226 p.

・Bednartz, M., McIlroy, D., 2009. Three-demensional reconstruction of “Phycosiphoniform” burrows: imp;ications for identification of trace fossils in core. Palaeontologica Electronica, 12.3.13A.

・Godfrey, S.J., Smith, J.B., 2010. Shark-bitten vertebrate coprolites from the Miocene of Maryland. Naturwissenschaften, 97, 461-467.
・Izumi, K., 2015. Deposit feeding by the Pliocene deep-sea macrobenthos, synchronized with phytodetritus input: Micropaleontological and geochemical evidence recorded in the trace fossil Phymatoderma. Palaeogeography, Palaeoclimatology, Palaeoecology, 431, 15-25.
・Maeda, H. et al., 2011. Cambrian Orsten Lagerstätte from the Alum Shale Formation: Fecal pellets as a probable source of phosphorus preservation. Palaios, 26, 225-231.
・Izumi, K. et al., 2015. Microbe-mediated preservation of invertebrate fecal pellets: Evidence from the ichnofossil Phymatoderma burkei, Permian shallow-marine, Teresina Formation, southern Brazil. Palaios, 30, 771-778.
・Chin, K. et al., 2003. Remarkable preservation of undigested muscle tissue within a Late Cretaceous Tyrannosaurid coprolite from Alberta, Canada. Palaios, 18, 286-294.
・Chin, K., Gill, B.D., 1996. Dinosaurs, dung beetle, and conifers; participants in a Cretaceous food web. Palaios, 11, 280-285.
・Needham, S.J., et al., 2006. Sediment ingestion by worms and production of bio-clays: a study of

macrobiologically enhanced weathering and early diagenetic processes. Sedimentology, 53, 567-579.

・Tanabe, K., 1991. Early Jurassic macrofauna of the oxygen-depleted epicontinental marine basin in the Toyora area, west Japan. Saito Ho-on Kai Spec. Pub. 3, 147-161.

・Kemp, D.B., Izumi, K., 2014. Multiproxy geochemical analysis of a Panthalassic margin record of the early Toarcian oceanic anoxic event（Toyora area, Japan）. Palaeogeography, Palaeoclimatology, Palaeoecology, 414, 332-341.

・Chin, K. et al., 1998. A king-sized theropod coprolite. Nature, 393, 680-682.

・Kobayashi, Y. et al., 2019. A new Hadrosaurine（Dinosauria: Hadorosauridae）from the marine deposits of the Late Cretaceous Hakobuchi Formation, Yezo Group, Japan. Scientific Reports, 9, 12389.

・Ekdale, A.A., 1980. Graphoglyptid burrows in modern deep-sea sediment. Science, 207, 304-306.

・Lehane, J.R., Ekdale, A.A., 2013. Pitfalls, traps, and webs in ichnology: Traces and trace fossils of an understudied behavioral strategy. Palaeogeography, Palaeoclimatology, Palaeoecology, 375, 59-69.

・Wetzel, A., 2008. Recent bioturbation in the deep South China Sea: A uniformitarian ichnologic approach. Palaios, 23, 601-615.

・Baucon, A., 2010. Da Vinci's Paleodictyon: the fractal beauty of traces. Acta Geologica Polonica, 60, 3-17.

・Izumi, K., Yoshizawa, K., 2016. Star-shaped trace fossil and Phymatoderma from the Neogene deep-sea deposits in central Japan: Probable echiuran feeding and fecal traces. Journal of Paleontology, 90, 1169-1180.

・Izumi, K., 2012. Formation process of the trace fossil Phymatoderma granulata in the Lower Jurassic black shale（Posidonia Shale, southern Germany）and its paleoecological implications. Palaeogeography, Palaeoclimatology, Palaeoecology, 353-355, 116-122.

・大河内直彦ほか, 2012. アミノ酸の窒素安定同位体比から生き物の栄養段階を読み解く. 化学と生物, 50, 430-434.

・大河内直彦ほか, 2011. 縄文人の食性：新しい方法論からの視点. 科学, 81, 1116-1117.

・Izumi, K. et al., 2018. Oceanic redox conditions through the late Pliensbachian to early Toarcian on the northwestern Panthalassa margin: Insights from pyrite and geochemical data.

Palaeogeography, Palaeoclimatology, Palaeoecology, 493, 1-10.
・Song, H. et al., 2013. Two pulses of extinction during the Permian-Triassic crisis. Nature Geoscience, 6, 52-56.
・Isozaki, Y., 1997. Permo-Triassic boundary superanoxia and stratified superocean: Records from lost deep sea. Science, 276, 235-238.
・Takahashi, S. et al., 2014. Bioessential element-depleted ocean following the euxinic maximum of the end-Permian mass extinction. Earth and Planetary Science Letters, 393, 94-104.
・Yoshida, M., 2016. Formation of a future supercontinent through plate motion-driven flow coupled with mantle downwelling flow. Geology, 44, 755-758.
・Sarmiento, J. L., Gruber, N., 2006. Ocean Biogeochemical Dynamics. Princeton University Press, 503 p.
・Suzuki, Y., et al., 2016. Mass accumulation rate of detrital materials in Lake Suigetsu as a potential proxy for heavy precipitation: a comparison of the observational precipitation and sedimentary record. Progress in Earth and Planetary Science, 3, 5.

泉 賢太郎（いずみ けんたろう）

古生物学者。千葉大学教育学部准教授。博士（理学）。一九八七年、東京都生まれ。二〇一五年、東京大学大学院理学系研究科地球惑星科学専攻博士課程修了。専門は生痕化石に記録された古生態の研究など。別名「ウンチ化石ハカセ」。著書に『生痕化石からわかる古生物のリアルな生きざま』（ベレ出版）。

インターナショナル新書〇七〇

ウンチ化石学入門（かせきがくにゅうもん）

二〇二一年四月一二日 第一刷発行

著者 泉 賢太郎（いずみ けんたろう）

発行者 岩瀬 朗

発行所 株式会社 集英社インターナショナル
〒一〇一-〇〇六四 東京都千代田区神田猿楽町一-五-一八
電話 〇三-五二一一-二六三〇

発売所 株式会社 集英社
〒一〇一-八〇五〇 東京都千代田区一ツ橋二-五-一〇
電話 〇三-三二三〇-六〇八〇（読者係）
〇三-三二三〇-六三九三（販売部）書店専用

装幀 アルビレオ

印刷所 大日本印刷株式会社

製本所 加藤製本株式会社

ISBN978-4-7976-8070-6 C0244

インターナショナル新書

067
物理学者のすごい思考法
橋本幸士

超ひも理論、素粒子論という物理学の最先端を研究する学者は、日常生活でも独特の視点でものを考える。通勤の最適ルート、ギョーザの適切な作り方、エスカレーターの乗り方……。物理学の本質に迫るエッセイ集。

068
「腸内細菌」が健康寿命を決める
辨野義己

腸内細菌の研究にはウンチの入手と分析が欠かせない。約半世紀にわたってウンチと格闘し続けてきた著者の爆笑研究秘話とともに、腸内細菌と健康の関係や最新の研究結果が理解できるオモシロウンチエッセイ！

069
「現代優生学」の脅威
池田清彦

戦後、一度は封印されたはずの「優生学」が奇妙な新しさをまとい、いま再浮上している。その広がりに大きく寄与しているのが、科学の進歩や新型コロナウイルスである。優生学の現代的な脅威を論じる。

071
病と妖怪 ―予言獣アマビエの正体
東郷　隆

病除けの妖怪「アマビエ」や幸せを呼ぶ瑞獣など幻の生物たちを紹介。流行病や災害の際に日本人は妖怪たちとどのような関係を結んで来たのか、江戸から明治の瓦版などに描かれた絵とともに考える。